西方心理学大师经典译丛

主编 郭本禹

追求意义的意志

The Will to Meaning

Foundations and Applications of Logotherapy

[奥] 维克多·弗兰克尔 Viktor E. Frankl 著

司群英 郭本禹 译

中国人民大学出版社

·北京·

总译序

感悟大师无穷魅力　品味经典隽永意蕴

美国心理学家查普林与克拉威克在其名著《心理学的体系和理论》中开宗明义地写道："科学的历史是男女科学家及其思想、贡献的故事和留给后世的记录。"这句话明确地指出了推动科学发展的两大动力源头：大师与经典。

一

何谓"大师"？大师乃是"有巨大成就而为人所宗仰的学者"①。大师能够担当大师范、大导师的角色，大师总是导时代之潮流、开风气之先河、奠学科之始基、创一派之学说，大师必须具有伟大的创造、伟大的主张、伟大的思想乃至伟大的情怀。同时，作为卓越的大家，他们的成就和命运通常都与其时代相互激荡。

作为心理学大师还须具备两个特质。首先，心理学大师是"心理世界"的立法者。心理学大师之所以成为大师，在于他们对心理现象背后规律的系统思考与科学论证。诚然，人类是理性的存在，是具有思维能力的高等动物，千百年来无论是习以为常的简单生理心理现象，还是诡谲多变的复杂社会心理现象，都会引发一般大众的思考。但心理学大师与一般人不同，他们的思考关涉到心理现象

① 《辞海（缩印本）》，275页，上海，上海辞书出版社，2002。

背后深层次的、普遍性的与高度抽象的规律。这些思考成果或试图揭示出寓于自然与社会情境中的心理现象的本质内涵与发生方式；或企图诠释某一心理现象对人类自身发展与未来命运的意义和影响；抑或旨在剥离出心理现象背后的特殊运作机制，并将其有意识地推广应用到日常生活的方方面面。他们把普通人对心理现象的认识与反思进行提炼和升华，形成高度凝练且具有内在逻辑联系的思想体系。因此，他们的真知灼见和理论观点，不仅深深地影响了心理科学发展的命运，而且更是影响到人类对自身的认识。当然，心理学大师的思考又是具有独特性与创造性的。大师在面对各种复杂心理现象时，他们的脑海里肯定存在“某种东西”。他们显然不能在心智“白板”状态下去观察或发现心理现象背后蕴藏的规律。我们不得不承认，所谓的心理学规律其实就是心理学大师作为观察主体而“建构”的结果。比如，对于同一种心理现象，心理学大师们往往会做出不同的甚至截然相反的解释与论证。这绝不是纯粹认识论与方法论的分歧，而是对心灵本体论的承诺与信仰的不同，是他们所理解的心理世界本质的不同。我们在此借用康德的名言“人的理性为自然立法”，同样，心理学大师是用理性为心理世界立法。

其次，心理学大师是“在世之在”的思想家。在许多人看来，心理学大师可能是冷傲、孤僻、神秘、不合流俗、远离尘世的代名词，他们仿佛背负着真理的十字架，与现实格格不入，不食人间烟火。的确，大师们志趣不俗，能够在一定程度上超脱日常柴米油盐的束缚，远离俗世功名利禄的诱惑，在以宏伟博大的人文情怀与永不枯竭的精神力量投身于实现古希腊德尔菲神庙上“认识你自己”之伟大箴言的同时，也凸显出其不拘一格的真性情、真风骨与真人格。大凡心理学大师，其身心往往有过独特的经历和感受，使之处于一种特别的精神状态之中，由此而产生的灵感和顿悟，往往成为其心理学理论与实践的源头活水。然而，心理学大师毕竟不是超人，也不是神人。他们无不成长于特定历史的社会与文化背景之下，生活在人群之中，并感受着平常人的喜怒哀乐，体验着人间的世态炎凉。他们中的大多数人或许就像牛顿描绘的那般："我不知道世上的人对我怎样评价。我却这样认为：我好像是在海上玩耍，时而发现了一个光滑的石子儿，时而发现一个美丽的贝壳而为之高兴的孩子。尽管如此，那真理的海洋还神秘地展现在我们面前。"因此，心理学大师虽然是一群在日常生活中特立独行的思想家，但套用哲学家海德格尔的话，他们依旧都是"活生生"的"在世之在"。

二

那么，又何谓"经典"呢？经典乃指古今中外各个知识领域中"最重要的、有指导作用的权威著作"①。经典是具有原创性和典范性的经久不衰的传世之作，是经过历史筛选出来的最有价值性、最具代表性和最富完美性的作品。经典通常经历了时间的考验，超越了时代的界限，具有永恒的魅力，其价值历久而弥新。对经典的传承，是一个民族、一种文化、一门学科长盛不衰、继往开来之根本，是其推陈出新、开拓创新之源头。只有在经典的引领下，一个民族、一种文化、一门学科才能焕发出无限活力，不断发展壮大。

心理学经典在学术性与思想性上还应具有如下三个特征。首先，从本体特征上看，心理学经典是原创性文本与独特性阐释的结合。经典通过个人独特的世界观和不可重复的创造，凸显出深厚的文化积淀和理论内涵，提出一些心理与行为的根本性问题。它们与

① 《辞海（缩印本）》，852页。

特定历史时期鲜活的时代感以及当下意识交融在一起，富有原创性和持久的震撼力，从而形成重要的思想文化传统。同时，心理学经典是心理学大师与他们所阐释的文本之间互动的产物。其次，从存在形态上看，心理学经典具有开放性、超越性和多元性的特征。经典作为心理学大师的精神个体和学术原创世界的结晶，诉诸心理学大师主体性的发挥，是公众话语与个人言说、理性与感性、意识与无意识相结合的产物。最后，从价值定位上看，心理学经典一定是某个心理学流派、分支学科或研究取向的象征符号。诸如冯特之于实验心理学，布伦塔诺之于意动心理学，弗洛伊德之于精神分析，杜威之于机能主义，华生之于行为主义，苛勒之于格式塔心理学，马斯洛之于人本主义，桑代克之于教育心理学，乔姆斯基之于语言心理学，奥尔波特之于人格心理学，吉布森之于生态心理学，等等，他们的经典作品都远远超越了其个人意义，上升成为一个学派、分支或取向，甚至是整个心理科学的共同经典。

三

这套“西方心理学大师经典译丛”遵循如下选书原则：第一，选择每位心理学大师的原创之作；第二，选择每位心理学大师的奠基、成熟或最具代表性之作；第三，选择在心理学史上产生过重要影响的一派、一说、一家之作；第四，兼顾选择心理学大师的理论研究和应用研究之作。我们策划这套“西方心理学大师经典译丛”，旨在推动学科自身发展和促进个人成长。

1879 年，冯特在德国莱比锡大学创立了世界上第一个心理学实验室，标志着心理学成为一门独立的学科。在此后的 130 多年中，心理学得到迅速发展和广泛传播。我国心理学从西方移植而来，这种移植过程延续已达百年之久[①]，至今仍未结束。尽管我国心理学近年取得了长足发展，但一个不争的事实是，我国心理学在总体上还是西方取向的，尚未取得突破性的创新成果，还不能解决社会发展中遇到的重大问题，还未形成系统化的中国本土心理学体系。我国心理学在这个方面远没有赶上苏联心理学，苏联心理学家曾创建了不同于西方国家的心理学体系，至今仍有一定的影响。我国心理学的发展究竟何去何从？如何结合中国文化推进心理学本土化的进程？又该如何进行具体研究？当然，这些问题的解决绝非一朝一夕能够做到。但我们可以重读西方心理学大师们的经典作品，以强化我国心理学研究的理论自觉。“他山之石，可以攻玉。”大师们的经典作品都是对一个时代学科成果的系统总结，是创立思想学派或提出理论学说的扛鼎之作，我们可以从中汲取大师们的学术智慧和创新精神，做到冯友兰先生所说的，在“照着讲”的基础上“接着讲”。

心理学是研究人自身的科学，可以提供帮助人们合理调节身心的科学知识。在日常生活中，即使最坚强的人也会遇到难以解决的心理问题。用存在主义的话来说，我们每个人都存在本体论焦虑。“我是谁，我从哪里来，我将向何处去？”这一哈姆雷特式的命题无时无刻不在困扰着人们。特别是在社会飞速发展的今天，生活节奏日益加快，新的人生观与价值观不断涌现，各种压力和冲突持续而严重地撞击着人们脆弱的心灵，人们比以往任何时候都更迫切地需要心理学知识。可幸的是，心理学大师们在其经典著作中直接或间接地给出了对这些生存困境的回答。古人云：“读万卷书，行万里路。”通过对话大师与解读经典，我们可以参悟大师们的人生智慧，

① 在20世纪五六十年代，我国心理学曾一度移植苏联心理学。

激扬自己的思绪，逐步找寻到自我的人生价值。这套“西方心理学大师经典译丛”可以让我们获得两方面的心理成长：一是调适性成长，即学会如何正确看待周围世界，悦纳自己，化解情绪冲突，减轻沉重的心理负荷，实现内心世界的和谐；二是发展性成长，即能够客观认识自己的能力和特长，确立明确的生活目标，发挥主动性和创造性，快乐而有效地学习、工作和生活。

我们相信，通过阅读大师经典，广大读者能够与心理学大师进行亲密接触和直接对话，体验大师的心路历程，领会大师的创新精神，与大师的成长并肩同行！

郭本禹

2013 年 7 月 30 日

于南京师范大学

译者前言

一、弗兰克尔的主要生平

维克多·埃米尔·弗兰克尔（Viktor Emil Frankl，1905—1997）是奥地利著名的精神病学家、神经病学家和意义治疗学（Logotherapy）的创始人。1905年3月26日，弗兰克尔出生在维也纳的一个犹太家庭里，在三个孩子中排行老二。弗兰克尔的父亲加布里埃尔·弗兰克尔（Gabriel Frankl）出生于距维也纳北部约80公里的小村庄波霍热利采（Pohrlitz，现属捷克共和国），他在维也纳大学医学院修完一些基本课程后，由于家境贫寒而无奈退学，没能实现自己做医生的理想，而是成为一名公务员，官至维也纳社会服务部主任。他是一位性格坚强、纪律严明的人。弗兰克尔的母亲艾尔莎·利昂（Elsa Lion）生于布拉格的葡萄酒酿造地区，其家庭相对富裕，而且是拉比（犹太教教士）世家。她比丈夫小18岁，是一个关心他人、富有同情心的人，同时也是一位虔诚的宗教信仰者。加布里埃尔与艾尔莎于1901年2月24日结婚，1年半后长子瓦尔特·奥古斯特（Walter August）出生，1905年第二个孩子即维克多·弗兰克尔出生，4年后最后一个孩子、女儿施特拉·约瑟菲娜（Stella Josefina）出生。在1914—1918年的第一次世界大战期间，弗兰克尔的家庭非常贫困，有时需要孩子们去农场乞讨。

弗兰克尔智力发育较早，且充满了求知欲和好奇心，三四岁时就说长大后要当一名医生，七八岁与父亲散步经过维也纳医科医学院的解剖研究所时，就会拉着父亲走向实验室，站在窗前呼吸解剖房里独有的气味挑战自己。13 岁时，弗兰克尔进入著名的施帕尔中学（Sperläum）学习，此前弗洛伊德（Sigmund Freud）和阿德勒（Alfred Adler）也毕业于这所中学。他开始对心理学和哲学产生兴趣，广泛阅读相关书籍。后来，他还到社区大学选修应用心理学，并接触到弗洛伊德的精神分析理论。1921 年，16 岁的弗兰克尔举办了生平第一次公开讲演《论生命的意义》（“On the Meaning of Life”），提出了以后对他的意义治疗理论来说很重要的两个观点：“第一，他说，正是生活向我们每一个人要求特别的东西，而不是我们向生活要求意义。换言之，使得我们的生活有意义的，是我们所给予生活的，而不是我们从它那里所索取的。第二，维克多说：‘终极意义（ultimate meaning）是而且一定是超越我们的理解的。’他把这种终极意义命名为超越的意义（supra-meaning）①，或者在日常意义之上的意义。”② 在中学期间，弗兰克尔还担任过青年社会主义劳动者（the Young Socialist Workers）组织的领袖，并在当地报纸上的青年版上发表其早期作品。1923 年，弗兰克尔以一篇题为《哲学思维的心理学》（“On the Psychology of Philosophical Thought”）的毕业论文结束了他的中学生活，这篇文章以带有精神分析倾向的病理学观点对哲学家叔本华（Arthur Schopenhauer）对进行了探讨。1924 年，弗兰克尔考入维也纳大学医学院，接受同学的建议决定从事精神病学。在大学期间，他担任过奥地利社

---

① 弗兰克尔的“超越的意义”概念，特指那种超越了人的理解范围的终极意义。因为每个人选择精神维度的形式及运用方式都不同，其终极意义也都不尽相同。他晚年又重新回到终极意义这一主题上。

② Redsand, A., *Viktor Frankl: A Life Worth Living*, Clarion Books, New York, 2006, pp. 18 – 19.

会主义者中学生学会（Austrian Socialist High School Students Association）的发言人。1923 年，弗兰克尔开始与弗洛伊德书信往来，并把自己的一篇课业论文《论肯定与否定的模仿动作》（“On the Mimic Movements of Affirmation and Negation”）寄给弗洛伊德，因为他觉得弗洛伊德可能会对这篇论文很感兴趣，而弗洛伊德回信告诉他说，已经把论文寄给《国际精神分析杂志》，1924 年，弗洛伊德推荐的这篇论文正式发表出来。1925 年，弗兰克尔与弗洛伊德见面了，不过，此时他发现精神分析既缺乏科学性，又是还原论，不能满足他对人性理解的需要，便开始寻找其他理论。恰恰在此时，弗兰克尔经人介绍与阿德勒结识，也更喜欢他的个体心理学理论，两人联系日益紧密，最终弗兰克尔成为阿德勒最年轻的追随者，受其影响越来越多。1925 年，经阿德勒推荐，弗兰克尔的论文《心理治疗与世界观》（“Psychotherapy and Weltanschauung”）在《国际个体心理学杂志》上发表。该文试图阐释心理治疗和哲学的边界，特别关注意义和价值问题，而这一主题也成为他日后终生研究工作的中心。然而，随着对阿德勒理论的深入研究，弗兰克尔发现了个体心理学理论中的缺点并开始提出批评，他认为：“跟弗洛伊德一样，阿德勒把人类经验还原为一个单一动机。弗洛伊德认为潜意识性欲驱力和攻击驱力支配人类行为，而阿德勒认为对社会优越感的需要是驱动力量。弗洛伊德和阿德勒两人都是从情感问题方面而不是从情感健康方面来解释人类行为的。”① 1926 年，弗兰克尔在杜塞尔多夫、法兰克福、柏林召开的国际个体心理学大会上发表了公开演讲，第一次在公众演讲中使用“Logotherapy”（意义治疗学）这一术语。在杜塞尔多夫召开的大会上做主题

---

① 转引自 Redsand，A.，*Viktor Frankl：A Life Worth Living*，p. 28。

演讲时，弗兰克尔更是坦率表达他与阿德勒截然不同的观点，认为并不是所有人类行为都是由疾病激发的，诸如对优越感的需要这种单一的因果关系并不能解释所有行为，人的首要驱力是努力发现生命中的意义。1927年，弗兰克尔与阿德勒关系开始降温，他与精神病学家鲁道夫·阿勒斯（Rudolf Allers）和心身医学创立者奥斯瓦尔德·施瓦茨（Oswald Schwarz）一起挑战阿德勒，最终被阿德勒集团开除出去，取消其“个体心理学会”会籍。但阿德勒的女儿亚历山大·阿德勒（Alexandra Adler）、个体心理学的著名传人鲁道夫·德雷克斯（Rudolf Dreikurs）和其他阿德勒学派成员仍与他保持着友好关系。

在对弗洛伊德的精神分析和阿德勒的个体心理学进行反思的过程中，弗兰克尔逐渐形成的自己的理论雏形，提出了发现生命的意义的三个主要方法：一是通过寻找工作或者做事，二是通过经历某种事情、与某人相遇或者爱，三是通过苦难，尤其是个人无法改变的困难。弗兰克尔还把他的这些初步想法应用于实践进行检验：1928—1929年间，他在维也纳以及其他六个欧洲城市为青少年成立了免费的咨询服务中心，以帮助经济萧条时期大量失业的沮丧青年人，个体心理学家夏洛特·彪勒（Charlotte Bühler）和欧文·韦克斯博格（Erwin Wexberg）等许多维也纳知名专家都前来义务服务，作为解剖学教授和维也纳议员的尤利乌斯·坦德勒（Julius Tandler）还提供了经费资助。1930年，在中小学校期末发成绩单时，弗兰克尔又组织了一个专门为学生提供的咨询项目，结果，维也纳多年来第一次没有发生中小学生自杀事件。他还在维也纳成人教育中心（Adult Education Center）开设有史以来的第一门心理卫生课。弗兰克尔所策划的这些活动使他获得国际上的关注。著名精神分析学家威廉·赖希（Wilhelm Reich）邀他去柏林，他还受邀到布拉格和布达佩斯的大学演讲。

在获得医学博士学位前夕，弗兰克尔开始在维也纳大学精神病诊所的心理治疗部（The Psychotherapeutic Department of the Psychiatric University Clinic）工作。他被提拔为该部门的助理。1931—1932 年，他在维也纳的玛丽亚·特蕾西亚-希若瑟尔医院（Maria Theresien-Schlöessl Hospital）工作并接受神经病学方面的训练。1933—1937 年，弗兰克尔在维也纳的斯坦霍夫精神病医院（Steinhof Psychiatric Hospital）做住院医生，担任“女性自杀馆”（Female Suicidals Pavilion）的负责人，每年诊治患者约 3 000 人，其中许多人想自杀。弗兰克尔总是倾听这些患者的诉说，关注她们是否还想要自杀，是否真正找到了活下去的理由。他认为，如果她们觉得生命有意义，就会摆脱自杀的想法，他的任务就是帮助想自杀的人发现其生命中的意义。正是通过对想自杀的人以及有其他情绪问题的人所做的这些工作，弗兰克尔发展出一种新的治疗方法，他将之命名为意义治疗。正是在这一时期，意义治疗理论初步形成并得到了最初的检验。针对有强迫性的非理性恐惧的患者，弗兰克尔以他的幽默提出了一个行之有效的方法——他称之为矛盾意向法（paradoxical intention），简言之，就是对于所恐惧之事，患者不是逃避，而是直面它，甚至以夸张的程度期望它，从而达到治疗效果。

1937 年，弗兰克尔结束了住院医生实习，作为神经学和精神病学医生开设诊所，开始私人执业，不过，在 1938 年 3 月希特勒的纳粹军队入侵奥地利，使奥地利并入德国以后，犹太教师、律师、医生等专业人员都被剥夺了任职资格，弗兰克尔失去了来之不易的行医执照，不得不关闭了这家诊所。1938 年 11 月 9 日至 10 日凌晨，德国和奥地利发生了希特勒青年团、盖世太保和党卫军袭击犹太人的暴行，还打碎窗户、火烧房屋，地上的玻璃碎片在火光中闪耀水晶般的光芒，史称“水晶之夜”，标志着纳粹对犹太人有组织的大屠杀开始了。“水晶之夜”后，德国和奥地利的犹太人都纷纷努力想尽办法去其他国家，与此同时，越来越多的犹太人被送往集中营，在这种情形下，弗兰克尔申请了移民美国的签证。然而，当签证成功时，弗兰克尔却变得难以抉择：是避开纳粹的迫害去往美国继续开展他的意义治疗工作，还是冒着被驱逐到集中营的生命危险留下来照料年迈的双亲？正在他左右为难之际，父亲从被摧毁的犹太教堂的瓦砾中捡回来的一块大理石给了他启示——这块大理石上雕刻着一个希伯来字母，父亲告诉他这个字母来自于“十诫”之中的第五诫：“当孝敬父母，使你的日子在耶和华你神所赐你的地上得以长久。”他毅然决定留下来陪伴着父母，任由签证最终过期。

1939年，弗兰克尔在一篇题为《哲学与心理治疗学：论存在分析的基础》(“Philosophy and Psychotherapy：On the Foundation of an Existential Analysis”）的论文中首次创造了“存在分析”（德文为“Existenzanalyse”）一词，该词在当时可以看作是与“意义治疗学”一词同义。1940年，弗兰克尔担任罗思希尔德医院（Rothschild Hospital）的神经病科主任，罗思希尔德医院是纳粹统治时期维也纳唯一的一所犹太医院，只准收治犹太病人。根据1939年10月纳粹出台的所谓“安乐死计划”，身体或精神有疾患的成人及儿童都要遭屠杀，弗兰克尔为了挽救犹太患者的生命，冒着生命危险故意做出很多错误的诊断，比如他会把一些精神分裂症诊断为失语症，这样患者就会被安置到犹太养老院中而不是被处死，从而救其一命。也正是在这一段时间里，弗兰克尔开始其《心灵的疗愈》一书的写作，还在瑞士的医学杂志上发表了几篇论文。

1941年底，弗兰克尔与他的第一任妻子蒂莉·格罗塞尔（Tilly Grosser）结婚，婚后不久，蒂莉就有了身孕，但因纳粹的新规定，只得被迫流产。1942年9月，弗兰克尔和他的父母、妻子蒂莉一起被纳粹驱逐到布拉格地区北部的特莱西恩施塔特（Theresienstadt）犹太人集中营。半年后，身体虚弱的父亲在集中营中因饥饿和肺炎而死去。哥哥瓦尔特及其妻子则试着经由意大利逃走，但没有成功，后被遣送到集中营杀害。尽管如此，弗兰克尔还以自己的精神病知识为集中营提供心理卫生关怀，他组织一个小组帮助新来的难友克服害怕和悲伤，后来又建立自杀监控小组。1943年7月，他在特莱西恩施塔特集中营组织了秘密的科学协会，举行一个系列讲演，涉及睡梦与睡梦困扰、身体与心理、医学关怀与心灵、登山运动心理学①、如何保持神经健康、牧师职责、心理治疗的存在问题以及社会心理治疗等内容。

1944年，弗兰克尔与妻子及母亲被遣送到奥斯维辛（Auschwitz）集中营，他视若珍宝的《心灵的疗愈》手稿被毁掉了，母亲被送往毒气室杀害，而蒂莉在被转运到德国贝尔根-贝尔森（Bergen-Belsen）集中营后于1945年被杀害，年仅25岁，只有他的妹妹约瑟菲娜设法移民去了澳大利亚，才幸免于难。弗兰克尔又先后被运送到了德国考夫图（Kaufering）集中营和图克海姆（Türkheim）集中营［达墺（Dachau）集中营的分部］，三年间辗转四所集中营，受尽非人的折磨，他不再是精神病学专家，而只是一个编号为119104的囚犯，绝大部分的时间都是在做挖沟掘土、铺设铁轨等重体力劳动，同时还要忍受着饥饿、寒冷、殴打，以及无时不在的死亡威胁、内心无尽的恐惧，还有对亲人无休止的思

① 阿尔卑斯山是欧洲人的圣山，弗兰克尔在集中营秘密组织攀登阿尔卑斯山团体，以帮助狱友们树立活下去的信心。

念。正是在集中营这种极限情况下，弗兰克尔“领悟了人类诗歌、思想、信仰所欲授予人们的最高天机：人通过爱并在爱中得到拯救。……当人们处于绝对孤寂之中，不能以积极行动表现自己时，唯一可实现的只是用正确方式——一种令人尊敬的方式——忍受苦难，即使在这种处境下，人们依然可以在对心爱的人的深情思念中求得自我实现”。而且，“爱远远超出所爱人的人身存在。爱的最深刻意义体现于精神生活，根植在内心世界。至于所爱的人是否真的在身边、是否健在，都已不再重要”①。对妻子的挚爱与思念让弗兰克尔有了活下去的勇气，而对学术研究的不舍和完成作品的期望同样是支撑着他坚持下来的力量，他把所有遭遇以及他自己都作为心理学研究的对象，并从职业角度对囚犯们在集中营监禁期间所经历心理变化进行观察，将之分为三个主要心理阶段：第一阶段是初入集中营对可怕环境的适应阶段，主要特征是震惊与否认；第二阶段是对集中营生活完全适应阶段，主要特征是冷漠与麻木，同时又会烦躁不安；第三阶段是重获自由阶段，会有人格解体现象，此时更需要情感与精神的支持。面对集中营囚犯的典型特征，弗兰克尔一直在思考：“人到底有没有自由呢？在任何特定环境下，人到底有没有决定自己的行为和做出反应的心灵自由可言呢？”对此，弗兰克尔不仅在理论上进行了探讨，更在实践经验中找到了答案：“集中营生活的经历表明，人完全可以选择自己的行为。有足够的可歌可泣的实例证明，冷漠感可以消除，烦躁情绪可以克制。即使在如此惨无人道的摧残身心的条件下，人依然能够保存最后一点的心灵自由和思想独立。……人的最后自由——人在任何特定环境中选择自己的态度、选择自己的道路的自由——是任何人都无法剥夺

① 维克托·E·弗兰克尔：《人生的真谛》，桑建平译，29～30页，北京，中国对外翻译出版公司，1994。

的。……正是这种无法剥夺的心灵自由，赋予人生以意义和目标。”[1] 在集中营中，弗兰克尔在默默进行理论思考的同时，只要有可能就会着手进行细致的心理治疗和心理卫生工作，采用个人治疗或者集体治疗方式，以尼采（Friedrich Wilhelm Nietzsche）所说的“知道‘为何’活着的人几乎能够忍受任何‘如何’”这句话作为座右铭，为那些企图自杀的人指明“为何”而活，帮助他们看到自己生命的意义，让他们认识到人生还有所指望。弗兰克尔在炼狱般的痛苦中，将自己的经历与学术相融合，进一步完善意义疗法。

1945 年 4 月 27 日，美国军队解放了图克海姆集中营，弗兰克尔获得了自由，当时他的身体已经极为羸弱，体重只有 37.5 公斤，还患有心律不齐，心肌可能受损，三个手指冻伤。8 月，弗兰克尔回到维也纳，在短短的几天时间里，陆续获悉妻子、母亲还有哥嫂均已命丧集中营，与亲人重新团聚的期望化为泡影，情感依托与精神支柱瞬间坍塌，他开始质疑自己所经受苦难的意义，情绪变得极度沮丧，甚至想要自杀。在朋友们的支持与帮助下，弗兰克尔强忍失去亲人的悲伤和痛苦，努力战胜内心的绝望感，重写《心灵的疗愈》的第三稿并出版，以此作为大学教职资格的论文，从而获得维也纳大学医学院的教席。他还仅仅用了九天时间就口述出后来影响最为深远的著作《人对意义的寻求》（德文版）。他晚年时曾回忆说：“我不停地口述，三个速记员轮班替我打字，才有办法写下我每天从心灵里倾吐而出的。”[2]

1946 年，弗兰克尔在不断写作的过程中重新燃起生活的希望，并被任命为维也纳神经病学门诊部（Vienna Neurological Policlin-

---

① 维克托·E·弗兰克尔：《人生的真谛》，50～51 页。

② 维克多·法兰可（弗兰克尔）：《意义的呼唤：意义治疗大师法兰可自传》，郑纳无译，179 页，台北，心灵工坊文化事业股份有限公司，2001。

ic）主任，弗兰克尔在这个职位上一做就是25年，直到1971年退休。1947年，弗兰克尔与第二任妻子埃莱奥诺雷·施温特（Eleonore Schwindt）结婚，虽然她的年龄只有他一半大，但是弗兰克尔认为，是她给了他重建自己的勇气，同年12月，他唯一的孩子——女儿加布里埃莱（Gabriele）出生。此后，弗兰克尔以极大的热情投入写作中，笔耕不辍，仅1947年，就出版《实用心理治疗学》（*Die Psychotherapie in der Praxis*）、《时代与责任》（*Zeit und Verantwortung*）和《存在分析与时代问题》（*Die Existenzanalyse und die Probleme der Zeit*）三部德文版著作。1948年，弗兰克尔以论文《无意识的上帝》获得哲学博士学位，这篇文章考察了心理学与宗教的关系。同年，弗兰克尔被任命为维也纳大学神经病学和精神病学副教授，并开设他所谓的“元临床课程”，讲稿后来结集成《无条件的人》（*Unconditional Man*）一书出版。1950年，弗兰克尔创立了奥地利心理治疗医学协会（Austrian Medical Society for Psychotherapy），并担任第一任主席。在“萨尔茨堡大学周”上提出“人之十论”，讲述了意义治疗和存在分析在哲学上及人类学上的基本内容。同年，弗兰克尔以系列讲座的内容为基础，结集出版德文版《同性恋患者：病理学尝试》（*Homo patiens：Versuch einer Pathodizee*），其中心论点成为意义疗法的一个新的重点：对受苦者的慰藉。1951年，他出版德文版《意义与存在：三篇演讲》（*Logos und Existenz：Drei Vorträge*），使意义疗法的人类学理论基础得以完备。1952年，他和奥托·波茨尔（Otto Pötzl）共同发表有关登山坠崖者的体验的心理生理学研究。1956年，出版德文版《神经症的理论与治疗》，阐述了来自于意义疗法观点的神经症理论与实践。1959年，与格布萨特尔（Gebsattel）和舒尔茨（Schultz）共同编写出版德文版《神经症与心理治疗手册》（*Handbuch der Neurosen und Psychotherapie*），在其中的“存在分析和意义疗法概论”这一章中，弗兰克尔对意义疗法和存在分析做了非常系统的阐述。1985年，出版德文版《心理治疗中的意义问题》（*Die Sinnfrage in der Psychotherapie*）、《面对意义问题的人》（*Der Mensch vor der Frage nach dem Sinn*）。1955年，弗兰克尔晋升为维也纳大学教授。随着他的教职提升和著作问世，弗兰克尔在维也纳内外的学术界中成为一位众所周知的人物，越来越多地受邀到国外大学开设讲座、担任客座教授：1954年，受邀至英国、荷兰和阿根廷的大学讲演；1957年，开启美国的第一次讲演之旅，受邀于哈佛大学、普林斯顿大学、西北大学、芝加哥大学以及协和神学院；1961年，在美国哈佛大学担任客座教授；1966年，在美国得克萨斯州达拉斯市南卫理公会大学担任客座教授，授课讲稿结集成《意义意志》（德文版）出版；1970年，位于加州圣迭戈的美国国际大学为他设立了意义治疗学教席；1972年，在美国匹兹堡的杜奎斯内大学担任客座教授。另外，还做过斯坦福大学等大学的访问教授。多年来，弗兰克尔一直与美国有着密切的联系，先后到美国巡回讲学30多次。

除了客座教授，弗兰克尔获得的荣誉头衔也数不胜数，各种奖项不胜枚举：共有29个荣誉博士头衔，获得了临终关怀与家庭护理基金会终身成就奖、奥地利政府曾授予的奥地利公众教育国家奖、奥地利科学院名誉会员、美国得克萨斯州奥斯汀市荣誉市民、维也纳市荣誉市民等21项荣誉与奖励。而这些奖项中最引人注目的是美国精神病学协会授予的奥斯卡·普菲斯特奖（Oskar Pfister Award），该奖项由美国精神病学协会和神职心理健康学会于1983年共同创立，以表彰那些在宗教和精神病学领域做出突出贡献的人，被授予奖项者需在获奖当年的美国精神病学协会年会上发表演说，弗兰克尔于1985年获得该奖，是获此奖项的第一个非美国人，他的演说题目是《寻求终极意义的人》（“Man in Search of Ultimate Meaning”）。

弗兰克尔是一位精力旺盛的人，全身心地投入工作、讲演和写作，先后在209所大学做过演讲，1988年，在纳粹部队入侵奥地利50周年纪念日，他在维也纳市政厅广场向公众发表了一场广为人知的演讲。直至1990年85岁时他才停止在维也纳大学的教学工作。与此同时他对生活抱持着极大的热情，19岁时受朋友影响而喜欢上了登山，这成为他一生挚爱的运动，一直到80岁还攀登阿尔卑斯山。他认为登山是他所发现的最令人兴奋的四个活动之一，其他三个是赌场赌博、进行脑部手术以及把完成的书稿交付出版商。67岁高龄的他开始学习驾驶飞机，并在几个月后领到驾照。他的一生一直是不停地向上攀登和不断地超越自己。

1992年，弗兰克尔的家人及学术界朋友成立了维克多·弗兰克尔研究所。1995年，弗兰克尔完成了他的个人自传《我的书中所没有的东西：生活回忆录》并以德文出版，1997年以书名《维克多·弗兰克尔回忆录：自传》出版了英译本。1997年，弗兰克尔出版了他最后一本著作《人对终极意义的寻求》。1997年9月2日，弗兰克尔由于心力衰竭在维也纳溘然长逝。《纽约时报》、《华盛顿邮报》、《洛杉矶时报》和《经济学人》等多家著名报纸与杂志纷纷刊登出悼念弗兰克尔的文章，并把弗兰克尔看作是20世纪最后一位伟大的精神病学家。而他的一生，正如他本人概括的：“我在帮助其他人看到他们生命中的意义中看到了我自己的生命意义。”①

① 本书边码，160页。

二、弗兰克尔的主要著作

弗兰克尔一生著述十分丰富，发表论文 691 篇，出版 39 本著作（150 余种版本，被翻译成 43 种语言，其中英译本有 10 本）。此外，他还留下了大量的录音、录像和电影作品。在此仅仅介绍他的 10 本英文版著作。

《人对意义的寻求》是弗兰克尔最广为人知的著作，他将此书题献给了母亲。此书最早的德文版问世于 1946 年，其书名英文直译为《向生活说是：一位心理学家经历过的集中营》（*Saying Yes to Life in Spite of Everything：A Psychologist Experiences the Concentration Camp*）。该书德文第一版是匿名出版的，只署集中营时的俘虏编号 119104 之名。他认为这样做更能坦率地说出心里的话，本也没有打算要让这本书给自己带来任何个人名利。后来朋友劝他，应该署上自己的名字来为书中所写的内容负责，他也觉得自己必须有公开陈述信念之勇气。后来在著名心理学家戈登·奥尔波特（Gordon Allport）建议下，他为该书的英文版补写了第二部分的理论观点，以作为意义治疗学的入门导论；而第一部分自传内容反过来为理论提供了活生生的例证。两部分各自分明，相辅相成。1959 年，该书英文初版以《从死亡集中营到存在主义：一位精神病学家的新治疗之路》（*From Death-Camp to Existentialism：A Psychiatrist's Path to a New Therapy*）之名出版。奥尔波特为之作序推荐时说："本书虽小，结构却十分巧妙，读来扣人心弦。本人两度拜读，皆一口气读完，直如中了魔咒。……我由衷地向读者推荐这本小书，因为书中戏剧般的故事，其实就是在探讨人类最深切的问题。本书富有文学与哲学的双重价值。"① 1963 年，英文

---

① 维克多·弗兰克（弗兰克尔）：《活出意义来》，赵可式等译，"序言"（戈登·欧伯），4～7 页，北京，生活·读书·新知三联书店，1998。

修订版更名为《人对意义的寻求：意义治疗学导论》（*Man's Search for Meaning：An Introduction to Logotherapy*）。其他不同的英文版次还有不同的增补，1983 年版增加了附录“悲剧性的乐观主义”，它是根据弗兰克尔 1983 年 6 月作为第三次世界意义治疗大会荣誉主席在雷根斯堡大学所作讲演写成的，1992 年版补充了意义治疗的精选英文参考书目和作者介绍，还有的版本则选录了《无意义生活之痛苦》、《论心理治疗的人道主义复兴》和《精神病科医生对现代文学说些什么》等讲座和报告的内容。英文版还出版过“扩展版”、“礼品版”、“图书馆版”等多种版本。最早出版英文译本的灯塔（Beacon）出版社于 2014 年 10 月 28 日推出了最新精装修订版，不仅增加了畅销书《当好人遭难时》的作者哈罗德·库什纳（Harold Kushner）的序言和哲学教授威廉·温斯莱德（William Winslade）的后记，而且还补录了照片以及之前从未发表过的一些信件、演讲稿和论文。这本世界性的畅销书，被翻译成 43 种语言出版，感动并激励了一代又一代的读者。这本畅销书至弗兰克尔去世时已卖出 900 多万册，至今已达 1 200 万册，据 1991 年美国国会图书馆和每月图书俱乐部对普通读者进行的一项调查，该书仅在美国就出售了 900 多万册，并跻身“美国最具影响力的十本图书”行列。美国大学曾五度将之评为“大学好书”。长期以来，这本书都是美国中学和大学心理学、哲学与神学课程的标准课本。该书也入选香港大学必读 50 本图书，其中文版也有近十种。

《医生与心灵：从心理治疗到意义治疗》（*The Doctor and the Soul：From Psychotherapy to Logotherapy*）一书的德文版书名为《心灵的疗愈：意义治疗与存在分析基础》（*Ärztliche Seelsorge：Grundlagen der Logotherapie und Existenzanalyse*）。该书的手稿在他被送入集中营之前就已经构思并基本完成，主要论述意义治疗的基本概念。在遣送往奥斯威辛集中营之前，他偷偷将手稿缝在外衣的里面。到了奥斯威辛时，他被迫脱掉完好的外衣，换上一件又破又旧的男用外衣（显然是被送往毒气室的人留下的），这样手稿就丢掉了。[①] 这对他的打击特别大：“我感觉就像是一个不得已眼睁睁看着他的孩子被杀害的父亲。这本书实际上就是我的精神之子，我希望即使我死在了集中营，它仍能幸存下来。”[②] 之后，弗兰克尔一直都怀揣着重写手稿的强烈愿望，这是支撑他活着走出集中营的一个重要因素。1945 年 3 月，他在最后一个集中营即图克海姆集中营时伤寒流行，几乎所有的囚犯都传染上了，他作为医生照料患了斑疹伤寒的囚犯，也患上伤寒。为了让自己即使在夜晚也保持清醒以避免神志不清而死掉，他开始重新构思手稿丢失的《心灵的疗愈》一书，并用一名狱友送给他的一支铅笔头在从党卫军那里偷来的碎纸片上潦草地记下关键词。一走出集中营，他又很快写完该书的第三稿。而集中营的个人经历也丰富了新书稿的内容——在“论生命的意义”一章中，他专门辟出一节探讨“集中营心理学”。他把这本书题献给其第一任妻子蒂莉。该书的德文初版于 1946 年面市，三天之内就销售一空。当这本见证了那么多艰难困苦时刻的书即将付梓之时，弗兰克尔非常激动，同时又感觉很宽慰，他说：“回顾过去，对我来说，最有意义的时刻就是把最终版本交给……我的第一个出版商。”[③] 该书英文版以《医生与心灵：从心理治疗到意义治疗》之名在 9 年之后即 1955 年才出版，当时美国政府专门成立了一个委员会，寻找能译成英文的欧洲书籍，并由财政支持出

---

① 参见维克多·法兰可（弗兰克尔）：《意义的呼唤：意义治疗大师法兰可自传》，159～162 页。

② Frankl, Viktor E., *The Doctor and the Soul: From Psychotherapy to Logotherapy* Vintage Book, New York, 1986, p. x.

③ 转引自 Redsand, A., *Viktor Frankl: A Life Worth Living*, pp. 87 - 88。

版发行，《医生与心灵》是二战后此批推荐出版的唯一的奥地利作者的著作。在此书中，弗兰克尔阐明了存在主义精神病学的原则，他认为，人类在存在之中寻求意义是其存在的首要方面，寻求若是没有回报，就会导致神经症，而治疗师的作用就是帮助患者发现他生命中的目标性（purposefulness）。《美国精神病学杂志》评价说："［这］可能是自弗洛伊德和阿德勒以来最重要的思想……对于无条件的意义的绝对信念，就是弗兰克尔博士传达给读者的要旨。"

《精神障碍的理论与治疗：意义治疗与存在分析导论》（*On the Theory and Therapy of Mental Disorders：An Introduction to Logotherapy and Existential Analysis*）一书德文初版于1956年，阐述了来自于意义疗法观点的神经症理论与实践。当时在维克多·弗兰克尔所著的仍有待翻译成英文的六本或更多的书之中，这是他最急切地想要看到被译成英文的书，因为它最系统地呈现了其全部精神障碍理论，以及意义治疗作为首要疗法或辅助疗法可以被纳入对几乎所有障碍的治疗之中的方法。[①] 德文版书名为《神经症的理论与治疗：意义治疗与存在分析导论》（*Theorie und Therapie der Neurosen：Einführung in Logotherapie und Existenzanalyse*），英文版译者之所以把"神经症"改作"精神障碍"，出于以下两点考虑：有些读者已经摈弃"神经症"这个术语；更重要的是，尽管弗兰克尔在书名上和文中都使用"神经症"这一术语，但实际上，他所探讨的大部分障碍并不是神经症。这本书是弗兰克尔较难读懂的著作之一，主要原因如下：其一书中包含很多精神病学术语，有些已不通用，有些在美国精神病学中没有完全对应的词，在翻译成英

---

① 参见 Frankl，Viktor E.，*On the Theory and Therapy of Mental Disorders：An Introduction to Logotherapy and Existential Analysis*，Brunner-Routledge，New York，2004，p. vii。

文的过程中容易造成混乱；其二弗兰克尔对精神障碍的分类与DSM（《精神障碍诊断与统计手册》）的分类又极为不同，前者主要根据病因，而后者主要根据临床表现，两者之间很多类别都没有直接的对应；其三这本书是基于他在维也纳大学和美国所作的讲座手稿扩展而成的，主要是“神经症理论与心理治疗”和“神经症的理论与治疗”这两个课程讲座，难免会有重复甚至部分重叠的情况，系统性会略有欠缺。为了便于读者阅读与理解，之后的修订版本进行了删减与增补，增加了一章导论“意义治疗是什么”，2004年英译版的译者詹姆斯·杜波依斯（James DuBois）还专门写了一篇导读“理解维克多·弗兰克尔的《精神障碍的理论与治疗》”，以使脉络更加清晰。

《心理治疗与存在主义：意义治疗学研究论文选集》（*Psychotherapy and Existentialism: Selected Papers on Logotherapy*），1967年在美国首次出版，主要包括20世纪50年代以及60年代初弗兰克尔所发表的有关意义治疗的论文，共13篇。具体包括：《意义治疗的哲学基础》、《存在动力学与神经症的逃避现实》、《超越自我实现和自我表现》、《意义治疗与存在》、《动力学与价值》、《精神病学与人对意义的寻求》、《意义治疗与痛苦的挑战》、《集中营中的团体心理治疗经验》、《缅怀（用以悼念1938—1945年间去世的那些成员）》、《当代的集体性神经症》、《存在分析与维度本体论》、《矛盾意向：意义治疗技术》和《心理治疗、艺术与宗教》等。另外，论文集还收录了其他人所作的《存在主义的实证研究：运用心理测量法研究弗兰克尔的心灵性神经症概念》和《运用矛盾意向治疗恐惧症和强迫症患者》两篇文章，从实证与临床角度对弗兰克尔的理论进行论证与支撑。挑选入集的这些论文“会提供对于意义治疗原则及其应用的最清晰、最直接的理解——这些论文既可以补充我在其他著作中对意义治疗的广泛讨论，又为这个体系的其他具体方面提供进一步的探索”[①]。弗兰克尔将此书题献给鲁道夫·阿勒斯，两人之间的交往要追溯到1927年，当时，弗兰克尔与阿德勒的关系越来越差，此时个体心理学会中有两个人吸引了弗兰克尔，其中一个就是阿勒斯，弗兰克尔视其为导师，跟随他在“感官生理学实验室”做实验工作，思想上深受影响，开始对自己的心理至上主义进行反思，并批评阿德勒心理学的一部分内容。在阿勒斯主动脱离个体心理学会后，与阿德勒观点相左而与其日益交恶的弗兰克尔受牵连被开除会籍。

《追求意义的意志：意义治疗学的基础与应用》（*The Will to Meaning : Foundations and Applications of Logotherapy*）一书首次出版于1970年，是弗兰克尔直接以英文写成而非由德文翻译的著作之一，以在得克萨斯州达拉斯市南卫理公会大学帕金斯神学院1966年暑期课程期间所做系列讲座为基础，同时把当时未翻译的德文作品中的一些资料结合进来，是他的所有英文版作品中最系统化的著作。卡尔·罗杰斯（Carl Rogers）认为“这本书是近50年来对心理学思想做所出的最杰出贡献之一”。此书题献给1967年因癌症去世的戈登·奥尔波特，正是在奥尔波特的大力引荐与助推下，弗兰克尔的理论及著作传至美国并产生巨大影响。本书是1988年出版的扩展版，增加了弗兰克尔新写的后记；普卢姆（Plume）出版社于2014年6月又推出了最新版本。

《对意义的无声呼唤：心理治疗与人文主义》（*The Unheard Cry for Meaning : Psychotherapy and Humanism*）首次出版于1978年，后来美国黑石有声读物公司（Blackstone Audiobooks）

---

① Frankl, Viktor E., *Psychotherapy and Existentialism : Selected Papers on Logotherapy*, Pelican Books, London, 1978, p. 9.

还推出了未删节版的盒式录音带。这本著作是《心理治疗与存在主义》和《无意识的上帝》这两本书的延续，收录了弗兰克尔1947—1977年间的论文，阐明了心理治疗中人性维度（the human dimension）的至关重要性，标志着他又回到了最初的人文主义（the humanism）上，主题涵盖非常广泛，包括性、道德、现代文学、竞技体育和哲学，通过这些主题，他表达了对于已经入侵大众心理学与精神分析的伪人文主义的强烈反对，对于每一个个体的独特潜能的大力赞赏。他把这本书题献给了他的一个未曾出生的孩子——他与第一任妻子蒂莉曾有过一个孩子，初为父母的他们给这个孩子起好了名字，若是儿子叫哈里（Harry），若是女儿叫玛丽昂（Marion），然而，美好的新生活只留在了他们的憧憬之中，因当时的纳粹政策蒂莉被迫堕胎，这个孩子未能降临人世。

《无意识的上帝：心理治疗与神学》（*The Unconscious God: Psychotherapy and Theology*；*Der unbewußte Gott: Psychotherapie und Religion*）的德文版于1948年面市，弗兰克尔把这本书题献给他的妹妹约瑟菲娜。英译本于1975年出版，部分章节略作改变，2000年对英译本进行修订扩充，以《人对终极意义的寻求》（*Man's Search for Ultimate Meaning*）为书名出版，由1993—1997年被时任总统克林顿任命为美驻奥地利大使的哈佛大学教授斯旺尼·亨特（Swanee Hunt）作序，2011年的英译本又增加了克劳迪娅·哈蒙德（Claudia Hammond）的序言和亚历山大·巴蒂丝尼昂（Alexander Batthyány）的后记。前者是应用心理学与保健心理学专家，执教于英美多所大学，为英国广播公司（BBC）第四台撰稿并主持节目，后者是维也纳维克多·弗兰克尔研究所研究处的负责人，任教于维也纳大学，担任14卷本的《维克多·弗兰克尔文集》德文版的主编。在此书中，弗兰克尔探寻生命、死亡和痛苦的终极意义的答案，探讨人类有时对于灵感或启示的潜意识渴望，阐明生命如何时时处处都提供深刻的意义。这也是他生前的最后一部著作。

弗兰克尔的回忆录是《维克多·弗兰克尔回忆录：自传》(*Viktor Frankl Recollections : An Autobiography*)，其德文版书名是《我的书中所没有的东西：生活回忆录》(*Was nicht in meinen Büchern steht : Lebenserinnerungen*)，后者于1995年3月其90岁高寿时出版，编辑玛汀娜·贾斯特-甘佩（Martina Gast-Gampe）在序言中介绍说，弗兰克尔“无畏其高龄和健康问题，仍以充沛的精力投入此书的工作，让这本书得以在他90岁生日时出版问世。对其所言生平事迹的特性，我们也刻意保留而未加润饰，以便这位20世纪思想界非常杰出的人物的形象能活生生地显现出来”①。该书的英译本以《维克多·弗兰克尔回忆录：自传》为书名于1997年出版。在这本个人自传中，弗兰克尔首次披露了他的童年与青年时期经历，回忆了早期与弗洛伊德、阿德勒的分歧，描述了他在奥斯威辛等四个集中营的悲惨遭遇，记录了他与教皇保罗六世（Pope Paul Ⅵ）、美国第34任总统的遗孀玛米·艾森豪威尔（Mamie Eisenhower），以及哲学家马丁·海德格尔（Martin Heidegger）、卡尔·雅斯贝尔斯（Karl Jaspers）、路德维希·宾斯万格等著名人物的交往，除此之外，还发表了大量此前从未公开过的私人照片。

《无意义之感：心理治疗与哲学的挑战》(*The Feeling of Meaninglessness : A Challenge to Psychotherapy and Philosophy*)于2010年出版，是弗兰克尔的论文集，由亚历山大·巴蒂丝尼昂编辑并撰写了导言“维克多·E·弗兰克尔和意义治疗与存在分析

① 维克多·法兰可（弗兰克尔）：《意义的呼唤：意义治疗大师法兰可自传》，“原出版序”（玛汀娜·贾斯特-甘佩），19页。

的发展”。书中的系列论文探讨了现代社会状况对人类追寻意义所产生的影响。尽管现代工业社会为人们提供了大量的物质享受，但许多人还是感觉生命没有意义、空虚无聊，这是这个时代集体神经症的最显著症状。弗兰克尔把这种无意义感归因于对存在需要的忽视，也就是说，尽管物质上的基本需要得到满足，但存在需要即在生命中寻找到意义的需要仍未满足，这就导致存在挫败，使人经受不住生命中的挑战。针对如何克服这种存在挫败和无意义感从而重获心理健康，弗兰克尔提出了实用的见解与指南。

三、弗兰克尔的基本思想

作为精神病学家和心理治疗学家，弗兰克尔终其一生的工作都是在克服心理学、心理治疗以及医学中的还原论，他将意义这个主题引入心理治疗中，在吸收存在主义和融入人本主义心理学的基础上，结合自身在纳粹集中营的生活经历和医疗实践，提出意义治疗理论和方法，即意义治疗学。Logotherapy（意义治疗）这个词的由来，弗兰克尔在这本《追求意义的意志》中作了简单说明：这个词是他在 20 世纪 20 年代创造出来的，Logos 源自希腊语，既有“意义”（meaning）之含义，又有“心灵”之内涵，“意味着人之为人以及人之为人的意义”①。在 20 世纪 30 年代，他曾用“存在分析”（德文为“Existenzanalyse”，英文为“Existential Analysis”）作为替代名称使用，只是后来容易同瑞士精神病学家和存在分析学家路德维希·宾斯万格的存在心理学中的“存在分析”（德文为“Daseinsanalyse”，英文为“Existential Analysis”）相混淆，便不再使用“存在分析”，而是用意义治疗学专指其本人学说。但存在

① 本书边码，18 页。

分析仍既可以理解为意义治疗学的哲学和科学基础，又可理解为这种治疗的本质部分，甚至可以把“Logotherapy”和“Existential Analysis”两个词缩写为“LTEA”。①

早在青年时代，弗兰克尔先后与弗洛伊德、阿德勒交往，学习他们的理论。不过，在自己的临床实践过程中，弗兰克尔发现了这两个人学说中的缺陷：弗洛伊德和阿德勒把人类经验还原为一个单一动机，弗洛伊德的精神分析学认为潜意识性欲驱力和攻击驱力支配人类行为，只看到了人们追求快乐的意志（快乐原则），阿德勒的个体心理学认为对社会优越感的需要是它的驱动力量，只看到了人们追求权力的意志（权力原则），都没有看到人们追求意义的意志，而且两人都是从情感问题方面而不是从情感健康方面来解释人类行为。由此，弗兰克尔发现了心理治疗学需要填补的空白，认为心理治疗要超越“恋母情结”和“自卑情结”，或者说要超越一切所谓的情感动力学。② 由此，他创立了“第三维也纳心理治疗学派”(Third Viennese School of Psychotherapy)，而与弗洛伊德的精神分析学派和阿德勒的个体心理学派相区别。他的意义治疗学超越弗洛伊德的精神分析和阿德勒的个体心理学之局限性，摆脱了还原论，将人生信念、意义与价值引入了心理治疗，把人看作是追寻意义并为其实现负责的存在，主张心理治疗的首要任务就是使患者具有发现生命意义的能力，被戈登·奥尔波特赞为“我们时代最重要的心理学运动”③。弗兰克尔的意义治疗学既是一种心理治疗的理论，又是一种心理治疗的方法。

---

① 参见 Batthyány, A.， “What Is Logotherapy and Existential Analysis?” 见 http：//www. viktorfrankl. org。

② 参见 Frankl, Viktor E.，“From Psychotherapy to Logotherapy,” *Pastoral Psychology* (1956) 7，5：57。

③ Frankl, Viktor E.，*Man's Search for Meaning* (*Revised and Updated*)，Washington Square Press, New York, 1984, p. 13.

（一）意义治疗学的主要理论

弗兰克尔的意义治疗学引入了三个“三个主题”说。人性的基本理念由第一个“三个主题”，即意志自由（the freedom of will）、意义意志（the will to meaning）和生命意义（the meaning of life）组成；生命意义由第二个“三个主题”，即创造的价值（creative value）、体验的价值（experiential values）和态度的价值（attitudinal values）组成；人类存在的悲剧由第三个“三个主题”，即痛苦（pain）、罪疚（guilt）和死亡（death）组成。[①] 而意志自由、意义意志和生命意义这三个基本假设是意义治疗学的最根本的理论基石，三者缺一不可。其中意志自由是意义意志的心理学前提，没有意志自由，人就不可能对生活进行态度上的选择，而只能被动地受本能需要的支配；意义意志则是生命意义的动力，人们对生命意义的追求就是在意义意志这种生命意义的动力的基础上实现的；人既具有意志自由又具有意义意志，因此人在运用意志自由和意义意志去追寻的过程中，生命意义也就得到了体现和充实。

1. 意志自由

弗兰克尔主张，意志自由是人类的一个特征，它是属于人的经验直接给予的东西。他认为，人具有意志自由，因为“他登上自己生存的身体和心理决定因素的领域……他自由地占据对这些条件的阵地；他始终保持着选择自己的方针和对待它们态度的自由”[②]。弗兰克尔用“博比”的事例阐述人之意志自由：一位才华横溢的杂志主编博比突患怪病，被医生诊断为罕见的闭锁综合征，在医学上被宣告为不治之症，他不仅大脑受到严重损伤，全身上下也只有左眼

---

① 参见本书边码，73 页。

② 转引自郭本禹主编：《心理学通史·第四卷·外国心理学流派（上）》，641 页，济南，山东教育出版社，2000。

皮能动，吃饭要用导管，时刻离不开呼吸机。面对如此难以忍受的痛苦，博比选择了坚强，在秘书的帮助下，用眨左眼皮的方法，一个个地挑选字母和标点符号，凭借常人难以想象的毅力完成了140页的书稿《潜水钟与蝴蝶》，把自己的经历和对这个疾病的感受记录下来。博比的事例表明，即使面对人类对之近乎无能为力的灾难，人运用意志自由，也能够战胜外界加在人身上的限制，达成自己的理想。

当然，说人有意志自由并不是说人可以随心所欲，弗兰克尔认为，作为有限存在的人，其自由并不是无条件的自由，而是有一定限制的，因为人既不能自由地控制其条件，其自由又要受其命运的限制，同时人还要受生理、心理和社会因素的制约。尽管人根本不能摆脱这些生物的、心理的还有社会的条件的限制，但人具有无论面对怎样的条件都能坚持态度的自由，能够使自己独立于最恶劣的条件，这是人的独特能力。弗兰克尔的这些主张与其在纳粹集中营中的切身经历有着密切的关系，弗兰克尔发现：即便是在纳粹集中营的那种极端恶劣的环境中，人可以失去他所拥有的任何东西，唯独人性的自由，即人在任何境遇中选择自己态度和生活方式的自由，不能被剥夺。这种自由给人生提供了意义和目的，没有了它，人也就没有了生活下去的理由。因此从终极意义上讲，要成为什么样的人是由人自己来决定的。

在弗兰克尔看来，只有两种人的意志是不自由的，即那些幻想自己的意志和思想被别人操纵、控制的精神分裂症患者和宿命论哲学家。这些哲学家认为，我们体验着自己的意志，好像它是自由的，但实际上，这是一种自我欺骗，最终我们的想法和愿望都是由一种不由自主的力量控制着的。这不符合实际的情况，一个正常而清醒的人是能够感受到意志的自由的，即便是身体被囚禁了，可思想仍是自由的。在弗兰克尔看来，生命不息，自由不止。

2. 意义意志

人具有“意义意志”是意义治疗学的核心所在，弗兰克尔主张：“人总是急切寻求意义，总是着手进行他对意义的寻求；换言之，我所谓的‘意义意志’甚至被看作是人的‘首要关注’。”① 他把意义意志界定为人发现并实现意义和目的的基本努力，这是一种真实的人类现象，是其生命的原始促动力，而不是本能驱力的“二次合理化”，因此，“对照弗洛伊德的精神分析所聚焦于的‘快乐原则’（或者，我们也可称之为快乐意志），以及阿德勒的心理学所聚焦于并称为‘追求优越’的权力意志，我提出了意义意志”②。

弗兰克尔认为，弗洛伊德所谓的追求快乐原则实质上是一种自我挫折原则，因为人追求快乐越多，他得到的快乐就越少，例如性变态患者就是如此；而阿德勒所谓的追求权力只是达到追求意义目标的手段，例如经济或财富权力乃是意义实现的前奏。③ 人并不像弗洛伊德所说的那样仅仅为了消除“紧张”而去追求享乐，也不会像阿德勒所说的那样仅仅为了克服自卑感和争取优越的地位而追求权力。实际上，人类最主要、最根本的动机是追求意义的意志，快乐意志和权力意志都是从意义意志中派生出来的，两者从属于意义意志。作为人的基本动机的意义意志概念是给当前所有动机理论的一记耳光，这些理论仍然基于体内平衡原则，把人看作只是出于使驱力与本能满意、使需要满足，而且所有这些仅仅是为了保持或者

---

① Frankl, Viktor. E., *The Unheard Cry for Meaning: Psychotherapy and Humanism*, Simon & Schuster, New York, 1978.

② Frankl, Viktor E., *Man's Search for Meaning* (*Revised and Updated*), p. 121.

③ 参见郭本禹主编：《心理学通史·第四卷·外国心理学流派（上）》，642 页。

恢复内部平衡——没有紧张的一种状态——的存在。[①] 固然，探索人生意义，会引起人的内心紧张，而失去心情平静。但是，紧张并不是要无条件避免的东西，适当多的紧张，如由实现意义所引起的那种紧张，是人身上所固有的。人最需要的并不是生物学上所称的“体内平衡”或者说不紧张的状态，相反，恰恰是由趋向所产生的紧张，这种紧张是一个人所已取得的成就与尚未完成的使命之间的张力，也就是“我之实然”与“我之应然”之间的差距，是心理健康所不可或缺的。因而，弗兰克尔认为，心理治疗师的目标应该是使患者的终极可能性显现出来，使之实现他的潜在价值，并以歌德的名言作为心理治疗的格言：“如果我们以人之现状来接受，我们会使之更差。如果我们以其会成为他们应然的样子来看待，我们就会使之变成他们有能力成为的。”[②]

在弗兰克尔看来，人缺少生理需要就会导致身体疾病，缺少心理需要就会导致人格障碍，但如果人缺少意义的意志，不理解他存在的意义，就会产生意义意志挫败，或者他所称的存在挫败（existential frustration）和存在空虚（existential vacuum）。弗兰克尔在本书中专门用一章来谈存在空虚问题，他指出，存在空虚是一个不断增加、日益蔓延的现象，究其原因，主要是如下事实的结果：“第一，与动物不同，没有驱力和本能告诉人必须做什么。第二，与以前的时代不同，没有习俗、传统和价值观告诉他应该做什么；而且，他甚至常常不知道他实际上想要做什么。相反，他想要做其他人做的事，或者他做其他人希望他做的事。也就是说，他成了墨守成规和极权主义的牺牲品。”[③] 在弗兰克尔看来，我们的时代是一

---

① 参见本书边码，162 页。

② Frankl, Viktor E.，“From Psychotherapy to Logotherapy,” *Pastoral Psychology* (1956) 7，5：56.

③ 本书边码，83 页。

个存在挫败的时代，尤其是对于那些意义意志受挫的年轻人，更多地忍受着生活的无聊感、内心空虚、找不到人生的希望，他们来到心理诊所，并不是出于某一明显的心身病症，而是出于对人生的绝望，他们有性的满足，甚至对权力并不在乎，但就是觉得生活没有意义或没意思，心烦意乱，但又不知道烦的是什么具体的事情。这种无意义感或对生命意义的怀疑或者对于不存在这样的意义的绝望就会导致“心灵性神经症”（noogenic neurosis），这些患者因其生命表面的无意义而陷入存在绝望之中，意义治疗就是要帮助他们发现隐藏在独特处境中的意义，一旦人的意义意志得以实现，他就能够忍受痛苦，妥善处理挫败和紧张。

3. 生命意义

弗兰克尔指出，生命对每一个个体来说都具有意义，甚至保持这个意义直至生命的最后一息，而且，它在任何条件下都是有意义的。没有意义的生命是不可思议和不可想象的，也是不可能的，看上去最没有什么意义的生命和生活，仍然充满了意义，只不过人可能没有认识它罢了，包括生命中不可避免的苦难，都有其意义，都可以通过人对其困境所采取的态度而转变成他的成就。但生命意义不能笼统地泛泛而谈，它是因人而异、因时而异的，我们寻求的不是抽象的人生意义。每个人都有自己的使命或天职，要完成赋予他的具体任务，在这一点上，每个人都是不可替代的。每个人的一生都不能重复，每个人完成其使命的特定机会也是如此。因而，意义治疗师并不能向患者展现意义是什么，而是向患者展现生命总是有意义的，帮助和引导患者去发现他要完成的生命意义。他指出：“形象地说，意义治疗师的作用好比眼科专家，而非画家。画家试图向我们展现他眼里的世界；而眼科专家却尽力使我们能够看到真实的世界，意义治疗师的作用是扩大病人的视野，使他们意识到并清楚地看到人生的全部潜在意义。”①

在提倡人应负责任和必须实现生命的潜在意义时，弗兰克尔强调，要发现生命的真正意义应当到现实世界而不是人的内心世界中去寻找。我们发现生命意义的三个主要途径是通过追求三种不同种类的价值：创造的价值、体验的价值和态度的价值。创造的价值产生于在世界上创造新事物，例如，通过工作或者养育。而要使日常的生活与工作变成有意义的行为，就必须指向这一活动并超越自己，一个电梯管理员能在清洁而有秩序的电梯中找到其工作的意义，相反，一位只以赚钱为目的的画家，就不会在绘画中创造出多少美来。体验的价值产生于我们享受或者参与价值时，例如，挚爱之人的价值或者美妙音乐的价值。弗兰克尔主张爱是具有最高价值的人类体验："爱极大地提高了价值完满的感受性。如果这样，整个价值宇宙之门就会打开。”② 态度的价值产生于我们对无法改变的命运和困境所采取的自由立场，态度的价值还可以细分为面对痛苦、罪疚和死亡的三种有意义的态度。人类总会存在悲剧的，没有一个人敢说，他没有失败过，他没有受过苦，他不会死亡。例如，我们可能面对集中营中的监禁的方式或者不能治愈的癌症。所以，我们面对悲剧或困境时一定要采用有意义的态度。英雄人物的视死如归行为就是一种有意义的行为，相反，那些看不见生活中的意义、体验着存在空虚的人，则往往会产生自杀的行为。

（二）意义治疗的主要技术

弗兰克尔并不认为意义治疗与其他的心理治疗方法是针锋相对的，相反，它们之间是相互补充的。他的治疗观具有包容的特点。他并不推翻弗洛伊德，而是以其贡献为基础建构自己的学说。他也

---

① 维克托·E·弗兰克尔：《人生的真谛》，85页。

② 转引自郭本禹主编：《心理学通史·第四卷·外国心理学流派（上）》，643页。

不与存在治疗的其他形式闹纷争，而是乐于接受与它们的血缘关系。[①] 他对其他学派的研究结果都是兼容并包，治疗技术上更是兼收并蓄，他在著作中曾提到要用团体疗法治疗酒精成瘾，建议用精神药物治疗内因性抑郁症，描述了电击疗法治疗的使用，提议运用自律训练来辅助去反思，还探讨过暗示、催眠以及放松治疗的使用。同时，相对于技术而言，弗兰克尔更看重的是医患关系。他指出："治疗中重要的并不是技术，而是医生与患者之间的人际关系，或者个人的和存在的会心。心理治疗的纯技术方法可能会阻碍它的治疗效果。"[②] 他认为，如果我们仅仅从技术方面或者动力方面与人接近，这种接近就具有操控性，就具有物化倾向，就抓不住需要心理急救的患者的心。他还指出："就心理治疗——而不仅仅是心理操纵和技术——以会心为基础来说，相互会心的并不是两个单一体，而是两个人，两人以意义——存在意义——彼此相面对。"[③] 弗兰克尔在发展他的意义治疗理论的过程中，创造出许多帮助患者解决问题的新的技术与方法，例如，治疗强迫症和恐惧症的矛盾意向法（paradoxical intention）、治疗性神经症的去反思法（de-reflection），还有态度改变法（modification of attitudes）。

1. 矛盾意向

矛盾意向疗法是意义治疗所使用的一种主要治疗技术，据弗兰克尔在《对意义的无声呼唤》一书的介绍，他早在1929年就开始使用这个技术，直到1939年才公开发表出来，1960年首次加以较为系统的阐述，在此后的岁月中又不断进行完善。在本书的一个脚注中，弗兰克尔用一个笑话形象地解释了矛盾意向："一个男孩上

---

① 参见Frankl，Viktor E.，*Man's Search for Meaning*（*Revised and Updated*），p. 10。

② 本书边码，6页。

③ 本书边码，8～9页。

学迟到了，他告诉老师迟到的理由是，冰雪覆盖的大街太滑了，以至于他每向前走一步，都要向后滑两步。老师立刻反驳说：‘不过，现在我识破了你的谎言。如果是真的，你就永远都不可能成功到达学校了。’对此，小男孩平静地答道：‘为什么不能呢？我刚才就是转身向家走的。’这不就是矛盾意向吗？男孩不就是通过原初意向逆转而成功了吗？”①

简单地说，矛盾意向就是鼓励患者去做他所担心之事或者希望他所担心之事发生。具体地说，就是当患者为某一顽固的想法所纠缠时，或是为某一症状所困扰时，他要做的不是与该想法或症状作斗争，而是相反，利用与之斗争的相反的想法或行为来消除这一症状。例如，一个到公共场合就会大汗淋漓的人，每当他预感要出汗时，就会为此变得越来越紧张。他的紧张会让他出汗越来越多，那么他就会避免去公共场合，因为他害怕在他的胳膊下、后背上还有脸上都会有令人尴尬的汗迹。患者要做的，不是担心流汗而通过不去公共场合来试图避免，而是应该下定决心向大家证明自己就是一个出汗大王，故意想象自己汗流如注、汗如雨下，这种想法与不想流汗的想法正好是相反的，当患者这样想的时候，他的症状反而能大大减轻了。关于这项技术的使用，可以参看本书中弗兰克尔所列举的具体治疗案例。

根据意义治疗学说，逃离恐惧是恐惧症的致病模式，对抗强迫是强迫症的致病模式，前者的恐惧是“恐惧之恐惧”，后者的恐惧是对他们自己的恐惧，无论是逃离还是对抗，只会令他们的症状变得更加严重。弗兰克尔以预期焦虑症来说明矛盾意向的治疗方法的治疗学基础。简单地说，预期焦虑（anticipatory anxiety）指的就

① 本书边码，108 页脚注。

是担心不好的事情的出现。比如，一个担心失眠的人，他越是着急着想入睡，就越睡不着。在预期焦虑中，引起心理反应的症状的焦虑会加剧或导致症状的产生，而症状的产生又会进一步强化预期焦虑，从而形成一个恶性循环。在这一恶性循环中，患者越是担心某一令自己害怕的事情，他就会越是觉得这件事情可怕，因而这件事情就真的令人害怕了；同样，一个人越是想要这个东西，他的欲望越强，就越会阻碍他实现这个愿望。“心存害怕，就发生所怕之事，意向过强，却事与愿违”①，矛盾意向正是基于这样的双重事实，引导患者去做或让他希望发生那些正是他所害怕的事情，用一种相矛盾的愿望取代恐惧，从而遏止焦虑的产生。

矛盾意向疗法在较为短程的治疗中取得了很好的效果，并且被广泛地应用于多种病症的治疗上。但是，矛盾意向疗法并不是灵丹妙药，不会适合所有的患者，也不能保证百分之百成功。而且，使用这一技术进行治疗还必须借助于人所特有的具有幽默感的自我分离（self-detachment）能力。“幽默使人能够创造视角，使人自身能够与他所面对的东西保持距离。出于同样的原因，幽默使人能够自己与自己相分离，进而获得对自己最大可能的控制。”② 而所谓自我分离能力，是指人从外部世界中分离出自我并采取一定的立场和态度来看待外部世界的能力，凭借这个能力，人不仅可以使自己与境遇相分离，也能够从自身中分离出自己，在意义治疗中促使矛盾意向技术发挥作用的正是这种能力。弗兰克尔解释说，矛盾意向法通过在患者与其症状之间创设距离而使患者能够看到新的意义，从而取得良好的治疗效果。

---

① 维克托·E·弗兰克尔：《人生的真谛》，96 页。
② 本书边码，108 页。

2. 去反思

1947年，弗兰克尔在治疗性无能案例中，针对患者病理性的过度反思（hyper-reflection）行为，提出去反思技术。这一技术“使我们能够‘忘记’自己指向一种治疗的注意中心，即使注意力从问题转向他人或自己思想中的积极方面”①。许多人都反思自己的问题和自己的消极情感与体验太过，比如性无能的人过度关注勃起问题，失眠的人过度关注自己的睡眠。弗兰克尔曾引用法国精神病学家保罗·杜波伊斯（Paul Dubois）的比喻来说明这一点：“杜波伊斯曾把睡眠比作落在人手旁边的鸽子，只要不注意它，它就会一直待在那里；如果试图抓住它，它立刻就飞走了。”② 当患者争取某种积极状态时，例如，想要入睡或者勃起，就会造成过度反思。当这个人的注意集中在本应该作为副产品自然发生的事情上时，这就成问题了。这一点可以用弗兰克尔所讲的一个小故事作出说明：“有一只蜈蚣走得非常好，直到有一天它决定要观察一下自己是如何行走的。它越是留心观察自己行走的过程，就越难以行走，最终只能绝望地躺在沟渠中。”③ 同理，当患者过度关注病症时只会加重它。去反思动员了人的自我超越能力（即超越自己发现价值中的意义的能力），自我超越意味着，人除了朝向自身，还总是朝向自身以外的其他东西，例如，要实现的意义或者另一个人。去反思通过帮助患者“忘我”来促进自我超越，以使得自然过程产生所渴望的状态，例如，当我们并不争取睡眠时，睡意就会出现。

去反思的目的在于系统地改变我们注意的焦点。在治疗过程中，治疗师的任务就是鼓励患者去想或去做他们问题以外的事情。

---

① 转引自郭本禹主编：《心理学通史·第四卷·外国心理学流派（上）》，644页。

② Frankl, Viktor E., *The Doctor and the Soul: From Psychotherapy to Logotherapy*, p. 253.

③ *Ibid.*, p. 255.

例如，帮助癌症患者集中注意帮助他人而不去想自己的身体，性无能患者关注性伴侣而不是变得勃起。去反思疗法是一种简单的治疗方法，但它的应用却是广泛的。比如在性机能障碍中，力求快感或性高潮，反而导致患者性快感消失，而这又反过来导致患者对性快感的过度关注，进而陷入追求性快感的恶性循环之中。弗兰克尔曾接诊一位患有性冷淡的年轻女士，她童年时遭到父亲性虐待，后来又阅读了一些有关精神分析的通俗读物，认为她要为幼年的创伤付出重大代价，从而产生了预期焦虑，导致她产生要证明自己女性特质的过度意向，过度关注自己而不是她的配偶，把性高潮当作意向目标，当作注意对象，从而导致她失去了享受性快感高潮的能力。弗兰克尔采用去反思的方法对她进行治疗，让患者把注意力从自己身上转移到配偶身上，自然大方地委身于自己的爱人，两天之后，当她无所思虑地献身给对方时，性高潮不期而至地到来了。

3. 态度改变

态度改变法是弗兰克尔经常使用的一种意义治疗方法，尤其是运用在命运无法改变、看似毫无意义的境遇之中。弗兰克尔认为，虽然命运是不可改变的，但面对命运的态度是可以改变的，命运中就没有不能通过一个人所采取的态度而将其变为成就的悲惨消极方面，“从最广泛的意义上来说，意义治疗就是治疗——它是对患者对待他不能改变的命运的态度的治疗”①。因为，“人可以被剥夺一切，唯独一件事情除外：那就是人类最后的自由——人在任何特定环境中选择自己的态度、选择自己的道路的自由——无人能剥夺”②。

当患者对自己和生活抱有消极悲观的态度、对生活异常失望之时，意义治疗的任务就是借助态度改变技术修正患者的思考方式，

---

① 本书边码，5～6页。

② Frankl，Viktor E.，*Man's Search for Meaning*（*Revised and Updated*），p. 86.

以积极乐观的生活态度代替消极悲观的生活态度，从而帮助患者认识到生命的意义，重新确立新的生活目标。弗兰克尔在本书中所描述的他与一位因妻子去世而抑郁的医生的对话[①]，简洁而有力展现了态度改变这一方法的使用：弗兰克尔让他设想，如果是他先于他妻子去世会发生什么事。这个问题使得患者以新的视角看待他的处境，第一次发现了痛苦的意义，为他的妻子做出牺牲的意义，他也就不再感觉痛苦。

使用态度改变技术时，治疗师需要注意的是，把患者引向更健康的态度、重新发现意义，同时不强加价值观给患者，也就是说，治疗师并不提供新的态度，只是帮助患者辨别出那些无益的态度，探索可能的替代。对于这一点，约瑟夫·法布里（Joseph Fabry）用简短的语言进行了阐明："苏格拉底式对话由苏格拉底的教师概念而得名。教师的工作并不是把信息灌输给学生，而是使学生意识到他们内心深处所知道的东西。"[②]

弗兰克尔不仅对以上意义治疗技术做出了区分，并且认为它们具有不同的机制，对同样的病症仅仅作出诊断还不足以确定治疗方法，还必须探究其病因，比如说，失眠症或者性无能，因病因不同就要以不同的方法治疗，有的情况用矛盾意向治疗，有的情况则要采用去反思治疗。就失眠症而言，如果是对睡觉的过度意向、过度关注的结果就需要用去反思技术；而如果是对失眠的焦虑性恐惧的结果，则用矛盾意向才是对症治疗。对性无能来说，去反思用于治疗由对变得勃起而不是性伴侣的过度关注造成的性无能，矛盾意向则用于对性无能的焦虑预期造成的性无能。

---

① 参见本书边码，118～119页。

② Frankl, Viktor E., *On the Theory and Therapy of Mental Disorders: An Introduction to Logotherapy and Existential Analysis*, p. xxxv.

四、弗兰克尔的主要贡献、局限与影响

弗兰克尔提出的意义治疗学或存在分析学被称为第三维也纳心理治疗学派，他的学说以其自身在集中营的经历为基础，对人性观、心理治疗学、精神病学等都做出了重要的贡献。他的畅销作品《人对意义的寻求》深深激励着全世界的读者，他的学术思想也吸引着越来越多的专业人士进行研究与传播。有关弗兰克尔及其意义治疗学的研究著作不断推出，已发表的相关期刊论文和撰写的学位论文有1 500余篇。当然，他的学说也存在一定的局限。

（一）主要贡献

第一，弗兰克尔看到人发现生活意义的重要性。他把人视为主动选择生活、追求生活意义的人，强调人要确立有意义的生活目标，主张人应该对生活持积极乐观的态度。这是其理论的最大贡献。如果把20世纪的前半叶称为精神分析的时代，那么20世纪的后半叶将被看作是重新发现精神的时代。当今社会物质文明极大发展，而人的精神文明的发展却稍显滞后。许多人为了美好的物质生活而忙忙碌碌，却不知这样做的意义是什么。弗兰克尔用其亲身经历，向人们展现了困扰现代人心灵的生命意义的主题。现代人遇到的最严重的疾病将不是癌症，而是普遍蔓延和广泛存在的精神空虚和无意义感。一个人的躯体可能还活着，但他的精神却已经枯萎，已经死亡。弗兰克尔的意义治疗学提出对人性的解释和治疗方法的理解，恢复了人们对生活和生命意义的信心，从而为揭示现代人的心灵苦闷，寻找解脱出路，提供了一剂良药。例如，他提出的“星期天神经症”（Sunday neurosis）一词，是指某些人在一周工作结束之后觉得其生活空虚的一种焦虑形式。

第二，弗兰克尔恢复了人的尊严和价值。他的意义治疗学说所

强调的人的精神层面，正是大部分传统心理学所忽视的部分。一些人本主义取向的心理学家将他的这一思想看作是一个非常重要的贡献，奥尔波特在1959年为弗兰克尔的《人对意义的寻求》一书所写的序言中，将意义治疗学说称为“我们时代最重要的心理学运动”①。从弗兰克尔对人的观点中，我们可以看出，他实际上恢复了人的尊严和价值。在他看来，人并不是一个高度复杂的计算机、有机体或动物，而是带有独特的精神特征的人。

第三，弗兰克尔兼顾强调人的意志自由与责任。他从存在分析的视角对人的选择、自由和责任等概念都进行了重新定义，他的自由观并不是无条件的自由，而是有一定限制的自由。他1959年在《人对意义的寻求》英文初版中这样写道：“自由并非最终真理。自由仅仅是真相的一部分，真理的一半。自由只不过是整个现象的消极方面，其积极方面乃是责任。事实上，除非按照责任来行使自由，否则自由就有沦为纯粹的恣意妄为之虞。这就是为什么我建议东海岸的自由女神像应该用西海岸的一个责任雕像来补充。”② 弗兰克尔认为，真正的自由是意志自由加上责任。他能辩证地看待自由与责任的关系确实难能可贵。

第四，弗兰克尔对心理治疗做出了独特的贡献。意义治疗被美

---

① Frankl, Viktor E., *Man's Search for Meaning* (*Revised and Updated*), p. 13.

② Frankl, Viktor E., *Man's Search for Meaning*, Washington Square Press, New York, 1959, pp. 209 - 210. 自弗兰克尔第一次提议在美建造责任雕像以后，美国成立了责任雕像基金会（the Statue of Responsibility Foundation），由艺术家普赖斯（Gary Lee Price）设计出雕像蓝本，地面以上高度305英尺（约93米），和自由女神像一样高。雕像造型是一双紧抱的手垂直向上，象征着很多事情需要伴随自由的责任。责任雕像基金会还设立责任雕像基金会奖，该奖项的命名是为了纪念弗兰克尔，特蕾莎修女（Mother Teresa）获得过该奖项。2010年，犹他州议会通过一项法案，宣布支持责任雕像计划，并宣布犹他州（雕塑家普赖斯家乡所在的州）是责任雕像的诞生地（the Birthplace of the Statue of Responsibility）。雕像计划在原先责任雕像基金负责下进展缓慢。2013年，基金会新的领导人接受这项计划，并筹措新的基金，雕像准备建立在以下五个城市之一：长滩、圣迭戈、洛杉矶、旧金山（加利福尼亚州），以及西雅图（华盛顿州）。

国医学会、美国精神病学会和美国心理学会承认是有科学依据的心理治疗学派之一。他反复强调意义治疗是一种开放的体系，更看重相对于技术来说的医患关系，强调了心理健康的本质，并提出一套具体的、行之有效的治疗技术。正如古尔德（William B. Gould）所指出："弗兰克尔治疗方法经过过去45年的验证已在咨询领域中引起一场无声的革命。那些需要克服体因性、心理性特别是精神性神经病症的人们已经发现，意义分析使他们用新的方式把握住了生活。"①

（二）主要局限

第一，其思想具有唯心主义色彩。弗兰克尔从存在主义哲学观点出发，认为人对意义的追求不是对现实生活意义的追求，而是对超越现实和自我的精神意义的追求。在他看来，人的生理需要和社会需要都没有意义，只有吸收超验的价值，生活才会充满意义。他甚至把死亡和痛苦作为人的最深远意义和最高价值的实现，这就走向了彻底的唯心主义的立场。

第二，其思想具有宗教色彩。弗兰克尔终其一生都在说和写关于宗教和精神病的问题，尽管他在本书中认为英语中的"spiritual"（心灵的）一词具有宗教含义，必须尽可能地避免使用这个术语。但在其最后一本书《人对终极意义的寻求》中，却声称每个人都具有一种独立于宗教观或信仰的心灵的无意识（spiritual unconscious）。所以，他的意义治疗学说也容易与宗教混淆，在美国最早看到意义治疗学的作用的不是精神病学家而是神学家，也就不足为奇了；而美国精神病学协会于1985年授予他奥斯卡·普菲斯特奖，以表彰他在宗教和精神病学领域所做出的突出贡献，也就在情理之

① William B. Gould：《弗兰克尔：意义与人生》，常晓玲等译，276页，北京，中国轻工业出版社，2000。

中了。

第三，其思想具有极权主义色彩。有些批评者认为，他的写作风格更像一个传教士或政治家，在试图说服他的听众，而这并不符合科学推理的要求。而且，他通常使用隐喻的方式来解释某一观点，并继续沿着这个方式进行讨论，就好像隐喻就是事实一样。例如罗洛·梅（Rollo May）就曾指出，意义治疗学在本质上是一种极权主义（authoritarian）观点，他认为弗兰克尔的治疗显然提出要解决所有的生活难题，断言似乎可以破解所有人类生活本身的错综复杂的问题。罗洛·梅进一步指出，如果患者不能发现自己的意义，弗兰克尔就会给他的患者提供一个目标。实际上，这否定了患者的个人责任，因而“贬低了患者作为人”的观点。[①] 当然，弗兰克尔受布尔卡（Rabbi Reuven Bulka）的《意义治疗学是一种极权主义吗?》[②] 的启发，很快就写了一篇《对罗洛·梅的答复》[③]。弗兰克尔反驳道，如果必要，他会把药方和意义治疗学结合起来，处理个人对疾病的心理和情绪反应，强调的是自由和责任领域，人在那里可以自由寻找和发现意义。

（三）主要影响

第一，弗兰克尔对许多心理学研究取向和研究领域都产生了深刻影响。在许多西方心理学史教科书中，弗兰克尔都被视为人本主义心理学的先驱甚至是代表人物，在其意义治疗理论中，“人本主义的关于自我不是由其部分所组成，而是一个整体，一个有理性

---

① 参见 May，R.，*Existential Psychology*，Random House，1969，p. 42。

② Bulka，R. P.，“Is Logotherapy Authoritarian?” *Journal of Humanistic Psychology* (1978) 18，4：45 - 54.

③ Frankl，Viktor E.，“Reply to Rollo May,” *Journal of Humanistic Psychology* (1979) 19，4：85 - 86.

的、自我确证的观点得到了具体化”[①]。他的意义治疗学和存在分析也属于广义的存在心理学范畴，美国著名的存在心理学家亚隆（I. D. Yalom）就高度评价过弗兰克尔的工作：“他（弗兰克尔）专心于心理治疗的存在取向的研究，实际上得出这样的结论即缺乏意义是最重要的存在紧张。在他看来，存在神经症便等同于无意义的危机。”[②] 当前盛行的积极心理学就从弗兰克尔的学说中汲取养分。例如，巴蒂丝尼昂和拉索-内茨尔主编的《积极心理学与存在心理学中的意义》（*Meaning in Positive and Existential Psychology*）[③]一书，就鼓励积极心理学与存在心理学就意义理论和临床应用、意义的定向、意义与死亡、意义与挑战性生活事件、有意义取向的生活之好处、意义与存在性焦虑等问题的争论与对话。有心理学家认为，弗兰克尔应该被认为是当代积极心理学实践之父。过去心理学多半是关心心理与精神疾病，忽略了生命的快乐和意义，积极心理学专注于如何建立人们的幸福感，帮助人们追求真实的幸福与美好的人生。积极心理学的创立者马丁·塞利格曼（Martin Seligman）就把有意义的生活称作是三种快乐生活之一，其他两种是愉悦的生活和高尚的生活。

弗兰克尔的意义治疗是后来在心理治疗师中著名的人类潜能运动（human potential movement）的开端。弗洛伊德的精神分析和阿德勒的个体心理学都强调人的缺陷如何使他们有那样的举止，而意义治疗则聚焦于人类可以创造出他们的现实的可能性上，聚焦于人类的潜能上。被喻为“人类潜能运动”之父的斯图尔特·埃默里

① 刘翔平：《寻找生命的意义：弗兰克尔的意义治疗学说》，33页，武汉，湖北教育出版社，1999。

② Yalom, Irvin D., *Existential Psychotherapy*, Basic Books, New York, 1980, p. 78.

③ Batthyány, A., & Russo-Netzer, P. (Eds.), *Meaning in Positive and Existential Psychology*, Springer, New York, 2014.

(Stewart Emery) 认为，“成功”并非是指“金钱、名誉、权力”，而是“从事对自己有意义的事，毕生投入其中，创造恒久的影响力”，只有这样的成功才是持久的和有价值的。

弗兰克尔被认为是20世纪自弗洛伊德和阿德勒之后最伟大的心理治疗家。伊丽莎白·S·卢卡斯（Elisabeth S. Lukas）指出：“在整个心理治疗学的历史中，从未有一个学派像意义治疗学那样非教条。事实上，意义治疗学可以被称作一个开放的体系。”①弗兰克尔作了一个形象的比喻，把意义治疗比作超市，而不是有小贩向顾客兜售商品的集市，在超市中，顾客可以从各种各样的商品中只挑选他所需要的和有用的东西。弗兰克尔提出的矛盾意向法，与后来出现的行为治疗方法的相似性是显而易见的，比如现场暴露、冲击疗法、消极练习等方法。而对矛盾意向有效性进行实验证明的最早尝试，也是由行为治疗学家们承担的。詹姆斯·兰茨（James Lantz）把弗兰克尔的观念运用到家庭治疗实践，构建了存在主义家庭治疗模型，帮助家庭成员意识到被遮蔽的意义和潜在的意义，进而帮助其利用所发现的丰富家庭生活。新西兰的精神病学家梅德利科特（R. W. Medlicott）则首次把矛盾意向应用于睡眠特别是做梦研究，用于治疗不断做噩梦的患者。

第二，弗兰克尔对管理学、临终关怀、学校教育、监狱改造等其他众多领域的实践产生了广泛影响。美国管理学家亚历克斯·帕塔科斯（Alex Pattakos）把弗兰克尔的观点引入管理学中，提炼出弗兰克尔约30部著作的精髓，凝结为《组织过程管理！方法：找到日常生活与工作的快乐与意义》（*The OPA! Way: Finding Joy &*

---

① 本书边码，159页。

Meaning in Everyday Life & Work)[①] 一书。该书把深奥的哲学思想归纳为简明易懂的七条核心原则并将其应用到工作环境中，指导职场人员在工作中应对挑战、寻求生命的意义，并将自己的潜能最大限度地发挥出来。

许多学者把弗兰克尔的理论运用于临终关怀尤其是晚期癌症患者，都产生了较好的效果。布莱特哈特（W. Breithart）认为，“以意义为中心的集体治疗”是晚期生命照顾中一种新兴的、能够成功地整合生命意义和心灵性的意义治疗方法，这种方法可以鼓励晚期患者发现生命的意义和目的。朱赫克（T. E. Zuehlke）与瓦肯斯（J. T. Watkins）认为把意义治疗运用于晚期癌症患者身上，就是要帮助患者把注意力转移到生命中有意义的事情上，在所剩不多的时间里感受生命意义，提高生活质量。实际上，弗兰克尔本人就进行过相关的实践，本书中也列举了意义治疗对两个患有不治之症者的影响[②]，使她们能够有尊严地坦然面对死亡。

国内学者探讨了意义治疗理论在大中小学生的教育中的广泛应用。例如，方双虎探讨了意义治疗理论在学习动机辅导中的应用，认为：“应用弗兰克尔意义治疗的理论，可以帮助动机缺乏的学生探寻和体会学习的意义，引导他们把学习作为实现生命意义的一种途径，由此激发他们的学习兴趣，提高学习动机。”[③] 同时还指出意义治疗应用于对动机过强学生的辅导时，可以从缓解他们由动机过强而造成的焦虑症状入手，进而运用“去反思”的治疗技术帮助他们建立合理的学习认知模式。

---

① 该书的中文版译名为《找到你工作的意义：职场快乐7原则》，北京，当代中国出版社，2006。

② 两个例子分别参见本书边码70～71页和120～123页。

③ 方双虎：《弗兰克尔意义治疗理论及其在学习动机辅导中的应用》，载《江西教育科研》，2007（4），94页。

国内学者还把意义治疗运用于监狱服刑人员这一特殊人群的干预。贾林祥对服刑人员进行了问卷调查和深度访谈，研究发现："服刑人员对生命的意义、对'苦难'和责任等均有了一定的认识，但服刑人员中也普遍存在着存在性精神空虚现象。"① 针对研究结果，以弗兰克尔的意义理论为指导提出了相应的建议：应帮助服刑人员在工作中发现生命的意义，应使他们体验到人生的价值，认识到他们应该对自己的犯罪行为负责以及使他们以积极的心态对待自己的服刑生活。这些人就"能够从绝望和无用的深渊中为自己塑造一种有意义的重要生活体验……这些环境中的人有可能经历把绝望化为胜利的嬗变"②。

第三，弗兰克尔引发了一些后继者进行大量研究工作来加强、巩固和证实他的研究成果。现在已经有学者运用测验法、统计法和实验法研究他的意义治疗学，使之建立在科学基础之上。例如，詹姆斯·克伦博（James Crumbaugh）设计了一种心理测量工具《生命目的测验》（Purpose-in-Life，PIL）测量人们完善其生活所确立的有意义的目标的程度，来验证弗兰克尔提出的相关理论。加里·雷科（Gary Reker）着手于使个人意义的结构可操作化，设计了《生活态度评估（修订版）》（Life Attitude Profile-Revised，LAP-R），分列48个项目、7个得分点对生活中的意义与目的以及对意义寻求进行测量。除此之外，还有《生命意义评价量表》（the Meaning in Life Evaluation Scale）、《态度价值量表测验》（Attitudinal Values Scale Test）、《生命目的问卷测验》（Life Purpose Questionnaire Test）等10种测量工具为精确实证研究意义治疗做

---

① 贾林祥：《意义与人生：意义治疗的理论研究》，234页，青岛，中国海洋大学出版社，2006。

② 本书边码，77页。

出进一步的贡献。研究者们已经把从几千个被试那里获得的几十万个数据存入计算机，以便发现生命的无条件潜在意义性的实验证据。尽管是研究者彼此独立进行的，但得到了一致的结论，即大约20%的神经症在性质与起源上是心灵性的。[①] 绍约姆（L. Solyom）等人提供了最早的实验证据，证明矛盾意向这个意义治疗技术是有效的。而L·迈克尔·阿舍尔（L. Michael Ascher）和拉尔夫·M·特纳（Ralph M. Turner）已经提出对矛盾意向的临床效果与其他行为策略进行比较的控制实验验证。[②]

第四，弗兰克尔的学术思想通过相关学术组织和机构得到广泛传播。目前，全世界成立的有关弗兰克尔和意义治疗学的学术组织和机构已超过100个，分布在世界35个国家和地区，在此简单介绍三个重要机构。

维也纳维克多·弗兰克尔研究所（Viktor Frankl Institute Vienna）。[③] 该研究所于1992年由弗兰克尔的家人及学术界朋友建立，是意义治疗与存在分析的非营利性机构，隶属于国际意义治疗学和存在分析学会（International Association of Logotherapy and Existential Analysis）。目前由巴蒂丝尼昂担任主席，弗兰克尔的遗孀埃莱奥诺雷担任名誉主席。该研究所的任务是弗兰克尔的生平和著作的研究，提供关于意义治疗学和存在分析的可靠资料，出版《意义治疗学与存在分析杂志》（*Journals of Logotherapy and Existential Analysis*）。维也纳市维克多·弗兰克尔基金于1999年12月成立，2000年4月正式运行，以定期捐赠基金的形式支持研究所的工作，每年还以维克多·弗兰克尔奖的形式资助与激励相关科学与实

---

① 参见本书边码，161页。
② 参见本书边码，161～162页。
③ 参见 http://www.viktorfrankl.org。

践项目。

维克多·弗兰克尔意义治疗学研究所（Viktor Frankl Institute of Logotherapy）。[①] 该研究所位于美国得克萨斯州阿比林（Abilene），由法布里创建于1978年，主要负责教育、资格审查与出版工作，以便公众熟悉弗兰克尔的工作，目前在全世界六大洲22个国家成立了分支机构，罗伯特·巴恩斯（Robert C. Barnes）担任研究所的国际董事会主席。从1978年起每半年出版一期《意义治疗国际论坛》[*International Forum for Logotherapy*（*Journal of Search for Meaning*）]，从1980年起每两年主办一次维克多·弗兰克尔意义治疗世界大会（World Congress on Viktor Frankl's Logotherapy）。研究所还提供继续教育项目，在完成意义治疗导论、态度改变、以意义为中心的干预以及心理障碍的理论与治疗四门核心课程以后，学员可以申请学会的学术助理证书，学会成员必须获得此证书。所有这些课程都可以通过远程学习，也可以在世界大会之前的工作坊上以传统的课堂教学形式分小组学习。

加利福尼亚州伯克利神学研究联盟图书档案馆弗兰克尔藏品馆（Viktor Frankl Library and Memorabilia GTU Archives）。[②] 该藏品馆由从1961年起就追随弗兰克尔学习的罗伯特·莱斯利（Robert C. Leslie）创建于1975年，是全世界第一个这样的档案馆，1977年，由莱斯利发起并担任馆长的弗兰克尔图书馆与纪念馆在神学研究联盟揭幕。建立这所藏品馆就是要收纳弗兰克尔的所有作品以及有关意义治疗的所有知名著作与文章，包括原始文件记录、通信、手稿、照片、期刊论文复印件或影印件、录音带（盒式、开盘式）、录像带、海报和书籍。每一位研究者都可以通过联系档案馆获得这

---

① 参见 http：//www. logotherapyinstitute. org/Home. html。
② 参见 http：//gtu. edu/library/special-collections/archives/frankl-logotherapy。

些资料。

这本《追求意义的意志》由我已毕业的博士生、南京中医药大学教师司群英和我合译。如果译文有不妥之处，欢迎广大读者朋友批评指正，以便以后再版时修订。

郭本禹

2014 年 12 月 6 日

于南京师范大学

纪念

戈登·W·奥尔波特（Gordon W. Allport）

目　录

序言 / *1*

引言　心理治疗学的形势和意义治疗学的地位 / 1

第一部分　意义治疗学的基础 / 11

第一章　心理治疗的元临床含义 / 13

第二章　作为人类现象的自我超越 / 26

第三章　何谓意义 / 42

第二部分　意义治疗学的应用 / 69

第四章　存在空虚：精神病学的挑战 / 71

第五章　意义治疗技术 / 85

第六章　医务职责 / 101

结论　意义的维度 / 123

后记　意义治疗学的去权威化 / 137

主要英文参考文献 / 148

主题索引 / 164

作者和资料来源索引 / 172

序　言

本书是我应邀在得克萨斯州达拉斯市的南方卫理公会大学帕金 *vii*
斯神学院 1966 年暑期课程期间所做系列讲座的产物。当时安排给我的特别任务是解释以意义治疗学为特征的这个体系。尽管有太多作者都已指出，与其他存在主义精神病学相比，意义治疗学已经发展出了一个恰当的心理治疗技术，但很少有人注意到，它也是最后一个以系统化方式被概念化的心理疗法。[①]

在探讨这个体系基础的过程中，本书的章节阐明了那些构成意义治疗学基础的基本假设与原则。它们形成了彼此相关联的一连串链环，因为意义治疗学基于以下三个概念：（1）意志自由（the freedom of will）；（2）意义意志（the will to meaning）；（3）生命意义（the meaning of life）。意志自由包含决定论对泛决定论这个问题。意义意志，与阿德勒和弗洛伊德的心理学分别提出的权力意志和快乐意志这些概念是完全不同的。当然，权力意志这个术语是
由尼采而非阿德勒创造的，而快乐意志这个术语——代表弗洛伊德 *viii*
的快乐原则——是我自己的而非弗洛伊德的术语。而且，快乐原则应该按照体内平衡原则这个更宽泛的概念来理解。[②] 我们批评这两个概念，同时也会详细说明意义治疗学的动机理论。生命意义则涉

---

① 胡安·巴蒂斯塔·托雷洛（Juan Battista Torello）在为意大利文版的《人对意义的寻求》一书所写的引言中作出这样的评论。

② 至于现实原则，它服务于快乐原则的目的，正如同后者服务于体内平衡原则的目的，因而根本没有必要把它明确地包括在我们的理论之中。

及相对主义对主观主义这个问题。

本书所探讨的意义治疗学的应用也包括三个部分。第一，意义治疗可用以治疗心灵性神经症（noogenic neuroses）；第二，意义治疗可用以治疗心因性神经症（psychogenic neuroses），即，从这个词的传统意义上来说的神经症；第三，意义治疗可用以治疗体因性神经症（somatogenic neuroses），或者就此而言通常讲的躯体疾病。正如我们所看到的，人的所有维度都被反映在这一系列主题中。

本书的引言中，意义治疗学被置于其他心理治疗学派的视角中，尤其是心理治疗领域的存在主义视角中。最后一章则探讨了意义治疗学与神学之间的对话。

在本书中，我力求涵盖意义治疗学的最新进展，包括各原则的系统阐述和作为例证的材料这两个方面。不过，为了呈现出整个体系的全貌，我不得不收入我以前书中使用过的一些材料。①

ix 我所称的存在空虚（the existential vacuum）如今对精神病学构成了挑战。越来越多的患者抱怨空虚和无意义感，在我看来，这种感觉源自于两个事实。跟动物不同，人不是由本能告诉他必须做什么。而且，跟以前时代的人不同，他不再由传统告诉他应该做什么。他常常甚至都不知道他实际上想要做什么。他要么想要做其他人所做的（墨守成规），要么做其他人想要他做的（极权主义）。

我希望我能成功地把自己如下信念传递给读者：尽管传统崩塌

---

① 参见 Viktor E. Frankl, *Man's Search for Meaning: An Introduction to Logotherapy*, Preface by Gordon W. Allport, Beacon Press, Boston, 1962 (Paperback edition: Washington Square Press, New York, 1963)；*The Doctor and Soul: An Introduction to Logotherapy*, revised edition, Alfred A. Knopf, New York, 1965 (paperback edition: Bantam Books, New York, 1967)；*Psychotherapy and Existentialism*, *Selected Papers on Logotherapy*, Washington Square Press, New York, 1967 (paperback edition: Clarion Books, 1968)。

了，但生命对每一个个体来说都具有意义，实际上它甚至保持这个意义直至他生命的最后一息。而且，精神病医生可以向他的患者展现生命总是有意义的。当然，他不能向他的患者展现意义是什么，但他完全可以向他展现存在一种意义，而且是生命保持着这一意义，即它在任何条件下都是有意义的。正如意义治疗学所教授的，甚至生命中悲剧的、消极的方面，诸如不可避免的苦难，都可以通过人对其困境所采取的态度而将其转变成他的成就。与大多数存在主义思想学派相反，意义治疗学绝不是悲观主义的；但它是现实主义的，因为它直面人类存在的悲剧的三个主题：痛苦（pain）、死亡（death）和罪疚（guilt）。意义治疗学完全可以称作是乐观主义的，因为它向患者展现了如何把绝望转变为胜利。

在我们所处的这个时代中，传统正日渐式微，精神病学必须看到在使人具有发现意义的能力方面的主要任务。对许多人来说， *x*
“十诫”似乎已经失去了它们的绝对效力，在这个时代中，人必须学会倾听在构成他生命的成千上万个境遇中所隐含的成千上万个戒律。在这方面，我希望读者会发现，意义治疗学谈及时代的需要。

维克多·E·弗兰克尔（医学博士、哲学博士）

奥地利，维也纳

引言
心理治疗学的形势和意义治疗学的地位

当前心理治疗学形势的主要特征是存在主义精神病学的冉冉升 3
起。事实上，把存在主义接种到精神病学中可以说是当前的主要发展趋势。不过，在谈到存在主义时，我们必须牢记，有多少存在主义，就有多少存在主义者。此外，不仅每一位存在主义者都形成了有关这一哲学的自己的版本，而且，每一位使用相关术语的方法也彼此各不相同。例如，在雅斯贝尔斯（Jaspers）和海德格尔（Heidegger）的著作中，诸如存在（existence）与此在（*Dasein*）这样的术语之间是相背离的。

虽然如此，存在主义精神病学领域中的作者们还是有共同之处的——一个共同特性。它是这些作者们频繁使用的一个短语——而且时常被他们滥用："在世存在"（being in the world）。给人的印象是，这些作者中的许多人都认为，如果他们常常使用"在世存在"这个短语，那就足以被看作是一个真正的存在主义者。我认为这并不是把自己称作存在主义者的充足理由，尤其是因为，很容易证明的是，在大多数情况下，海德格尔的在世存在概念被误解为朝
向纯粹主观主义——仿佛人"所处之世"就只是他自身存在的自我 4
表达。我之所以敢于批评这个普遍的错误看法，仅仅是因为，我曾经碰巧有机会在与海德格尔本人的私人谈话中作过讨论，并发现他赞同我的看法。

存在主义领域中的误解很容易理解。退一步说，这个术语有时是深奥难懂的。大约30年前，我在维也纳做了一个关于精神病学与存在主义的公开讲座。我给听众们提供了两段引文，并且告诉他们，一段引自海德格尔的著作，而另一段则来自我当时供职于维也纳公立医院时与一位精神分裂症患者的谈话。之后，我请听众们表决这两段分别是谁说的。信不信由你，绝大多数人认为引自海德格尔的那段话是精神分裂症患者的言词，而精神分裂症患者的话则被认为是引自海德格尔。不过，我们一定不要从这个实验的结果就匆匆忙忙下结论。这绝不是反对海德格尔的伟大，我们理所当然认为他亦如许多专家们所认为的那样伟大，而是说日常语言没有能力表达那些前所未有的思想感情，无论它们是伟大哲学家所创造的革命性理念，还是精神分裂症患者所体验的奇怪感觉，其共同特点可以说是表达的危机，我在其他地方也说明了某些适用于现代艺术家的类似情况（参见我的著作《意义治疗学与存在主义：意义治疗学论文集》，华盛顿广场出版社，纽约，1967，“心理治疗、艺术与宗教”这一章）。

至于我称之为意义治疗学的这个取向的地位，这是本书的主题，大多数作者都同意它属于存在主义精神病学范畴。① 事实上，

---

① 相关陈述可以在如下著作中找到：Gordon W. Allport，in Viktor E. Frankl，*Man's Search for Meaning : An Introduction to Logotherapy*，Washington Square Press，New York，1963；Aaron J. Ungersma，*The Search for Meaning : A New Approach to Psychotherapy and Pastoral Psychology*，The Westminster Press，Philadelphia，1961；Donald F. Tweedie，*Logotherapy and the Christian Faith : An Evaluation of Frankl's Existential Approach to Psychotherapy*，Baker Book House，Grand Rapids，Michigan，1965；Robert C. Leslie，*Jesus and Logotherapy : The Ministry of Jesus as Interpreted Through the Psychotherapy of Viktor Frankl*，Abingdon Press，New York，1965；Godfryd Kaczanowski，in Arthur Burton，*Modern Psychotherapeutic Practice : Innovations in Technique*，Science and Behavior Books，Palo Alto，California，1965；James C. Crumbaugh，“The Application of Logotherapy，” *Journal of Existentialism* 5：403 – 412，1965；Joseph Lyons，“Existential Psychotherapy：Fact，Hope，Fiction，” *Journal of Abnormal and Social Psychology* 62：242 – 249，1961；and Lawrence A. Pervin，“Existentialism，Psychology，and Psychotherapy，” *American Psychologist* 15：305 – 309，1960。

早在 20 世纪 30 年代，我就创造了“存在分析”（*Existenzanalyse*） 5
这个词语作为意义治疗的替代名称，而意义治疗是我在 20 年代创造出来的。之后，美国的作者们开始发表意义治疗领域的作品，他们提出“存在分析”（existential analysis）作为对 *Existenzanalyse* 的翻译。遗憾的是，其他作者用“此在分析”（*Daseinsanalyse*）这个词语来翻译，而这个术语是伟大的瑞士已故精神病学家路德维希·宾斯万格（Ludwig Binswanger）40 年代所选用的，意指他自己的学说。从那时起，存在分析就变成了一个相当含糊不清的词语。为了不再让这种状况引起的混淆加剧，我决定尽可能在我的英文出版物中不使用存在分析这个术语。甚至于在并不涉及严格意义上的治疗的语境中，我都常常讲意义治疗。例如，我所称之为医务职责（medical ministry）的，构成了意义治疗实践的一个重要方面，不过，在实际治疗是不可能的那样的情况中，它才得以精确显现出来，因为患者面对着不治之症。然而，尽管如此，从最广泛的意义上来说，意义治疗就是治疗（treatment）——它是对患者对待他不
能改变的命运的态度的治疗。 6

意义治疗不仅被归入存在主义精神病学之列，而且在这个领域中还被赞誉为成功发展了有充分理由可以称之为技术的唯一学派。① 不过，这并不是说我们这些意义治疗师高估了技术的重要性。人们很早以前就认识到，治疗中重要的并不是技术，而是医生与患者之间的人际关系，或者个人的和存在的会心（the personal and existential encounter）。

心理治疗的纯技术方法可能会阻碍它的治疗效果。不久前我受

① 至少这是诸如翁格斯马（Ungersma）、特威迪（Tweedie）、莱斯利（Leslie）、康查诺夫斯基（Kaczanowski）、莱昂斯（Lyons）和克拉姆鲍（Crumbaugh）这些作者们的论点。

邀到美国一所大学为一批精神病医生作讲座，他们已被分配去照看飓风后被疏散的人员。我不仅接受了邀请，甚至还选择了这样的标题——“生存的技术与动力”，这一标题显然使讲座的主办者很高兴。不过，当我开始这场讲座时，我坦率地告诉他们，如果我们真的仅仅从技术和动力方面解释我们的任务，我们就没有抓住问题的关键——而且，我们也就没有抓住我们希望为其提供心理急救的那些人的心。仅仅从技术方面与人接近，必然意味着操控他们，而仅仅从动力方面与他们接触，就意味着物化（reifying）他们，这都把人变成了纯粹的物。而这些人会立刻感觉到我们的接近具有操控性，也会注意到我们要物化他们的倾向。我要说的是，物化已经成为心理治疗的原罪。但是，人并不是物。这个无物性（no-thingness），而非虚无（nothingness），正是我们应向存在主义学习的东西。

7 在一次巡回讲演时，我受邀在圣昆廷监狱为囚犯们进行演说，之后我确信在某种程度上这是第一次他们真正感到被理解。我所做的并没有什么特别之处。我仅仅是把他们看作人，而不是错误地把他们看作需要修理的机器。我以他们一直以来解读自己的同样方式解读他们，也就是说，他们是自由的、负责任的。我没有通过把他们设想为生理的、心理的或社会的条件过程的受害者而为他们提供一个逃避罪疚的廉价借口。我也没有把他们看作是伊底（本我）、自我和超我的战场上的无助卒子。我没有为他们提供托辞，没有消除他们的罪，没有为罪疚辩解。我把他们视为同等的人。他们认识到，有罪疚感是人独有的特点——而战胜罪疚是人的责任。

在圣昆廷监狱为囚犯们进行演说时，要不是真正意义上的现象学，那我实现了什么？事实上，现象学就是尝试描述人理解自己的方式，他以那种方式解读他自己的存在，完全不是诸如心理动力学或社会经济学假设所提供的那些预想的解读和解释模式。正如保罗·波拉克（Paul Polak）[①] 曾经阐述的，在采取现象学方法论的过程中，意义治疗尽力以科学术语表达人类无偏见的自我理解。

请允许我再一次论及技术对会心这个问题。心理治疗不只是纯技术，因为它是艺术，它超越了纯科学，因为它是智慧。不过，即便如此，智慧也不是最终定论。在集中营中，我曾看到一位自杀妇女的尸体。在她的遗物中，有一张纸片，她在上面写道："比命运更强大的是忍受命运的勇气。"尽管有这句座右铭，她还是结束了 8
自己的生命。没有人之间的接触，智慧是匮乏的。

最近，我在凌晨 3 点接到一位女士的电话，她告诉我，她正下决心要自杀，但很想知道对此我会说些什么。我说了所有反对自杀和支持活下去的理由，一直和她谈了 30 分钟——直到她最后答应我不会自杀，而且会到医院来见我。不过，当她到医院见我时，才发现我提出的所有理由都没有给她留下什么印象。她决定不再自杀的唯一原因是：大半夜我从熟睡中被吵醒却没有生气，而是耐心地听她诉说并和她交谈了半个小时，而这样一个世界——她发现——能够发生这样的事，一定还是一个值得在其中生活的世界。

就意义治疗而言，主要应归功于已故的路德维希·宾斯万格，人类已经被重新安置与恢复到其人性之中。我—你关系越来越可以被视为问题的关键。甚至还不止于此，还应进入另一个维度。我与你之间的会心不会是全部的真相、事情的原委。人类存在的自我超越性从根本上使得人成为一个超越自己的存在。所以，如果马丁·布伯（Martin Buber）还有费迪南德·埃布纳（Ferdinand Ebner）主要按照我与你之间的对话来解读人类存在，那么，我们必须认识

① Paul Polak, "Frankl's Existential Analysis," *American Journal of Psychotherapy* 3: 517-522, 1949.

到，这个对话会使自己失败，除非我与你超越自己而涉及自身之外的意义。

就心理治疗——而不仅仅是心理操纵和技术——以会心为基础
9 来说，相互会心的并不是两个单一体，而是两个人，两人以意义（logos[①]）——存在意义——彼此相面对。

有人可能会说，通过强调我对你的会心，此在分析已经使这样会心的合作伙伴真正彼此聆听，从而使他们摆脱了本体论上的失聪。但是，我们仍然需要使他们摆脱本体论上的失明，我们仍然需要使存在意义散发出光芒。这是意义治疗所采取的步骤。意义治疗超越了此在分析或［采用乔丹·M·谢尔（Jordan M. Scher）所翻译的］存在分析（ontoanalysis），因为它并不只是关注 ontos 或者说 bing（存在），而且还关注 logos 或者说 meaning（意义）。这可以很好地解释如下情况：意义治疗不只是纯分析；正如它的名字所表明的，它也是治疗。在一次私人谈话中，路德维希·宾斯万格曾告诉我，他认为，与存在分析相比，意义治疗是更积极的，而且意义治疗可以作为存在分析（ontoanalysis）的治疗补充。

如果有意用一种过于简单化的方法，那么可以以字面翻译的方式把意义治疗定义为通过意义进行治疗［约瑟夫·B·法布里（Joseph B. Fabry）］。[②] 当然，我们必须牢记，意义治疗绝不是万应灵药，在某些病例中是合适的，而在另一些病例中则是不合适的。正如我们会在本书的第二部分看到的——那一部分将探讨意义治疗的应用，在神经症病例中以意义治疗开始就是适宜的。意义治疗与存在分析之间的另一个区别也日益显现。我们可以把宾斯万格对精神

---

① Logos，源自希腊文，弗兰克尔用以表达“意义”。——译者注

② Joseph B. Fabry，*The Pursuit of Meaning*：*Logotherapy Applied to Life*，Preface by Viktor E. Frankl，Beacon Press，Boston，1968.

病学的贡献概括为：增进了对精神病的了解，更具体地说，是对精神病人在世存在的特有方式的了解。与存在分析截然不同，意义治疗的目的并不在于对精神病的进一步了解，而是在于对神经症的更 10
短期的治疗。当然，这又一次过于简单化了。

在这种背景下，有如下主张的那些作者们值得一提：宾斯万格的作品归结起来就是把海德格尔的概念应用到精神病学，而意义治疗是把马克斯·舍勒（Max Scheler）的概念应用于心理治疗的结果。

那么——在论及舍勒与海德格尔以及他们的哲学对意义治疗的影响之后——弗洛伊德与阿德勒又如何呢？意义治疗是不是从他们那里受益颇少？绝非如此。事实上，在我的第一本书的第一段中，读者就会发现我借用矮子的类比来表达这种感激：站在巨人肩上的矮子看得比巨人更远一些。毕竟，精神分析是而且永远都会是所有心理治疗——包括未来所有的学派——不可或缺的根基。不过，它也会重蹈根基的覆辙，也就是说，合适的建筑在它之上建立起来时它就会变得不为人注意了。

弗洛伊德太过于天才了，以至于没有认识到他把自己的研究局限于人类存在的根基，局限于更深的层面，以及更低的维度。在写给路德维希·宾斯万格的信中，他说自己："我总是把自己限制在"被称作人的"这个大厦的底层和地下室"①。

在一篇书评②中，弗洛伊德表达了他的信念：对大师充满敬畏是好事，但是，在此之上的应该是我们对事实的敬畏。现在就让我们尝试着根据弗洛伊德去世后才涌现出来的那些事实来重新解读和

---

① Ludwig Binswanger, *Reminiscences of a Friendship*, Grune & Stratton, New York, 1957, p. 96.

② Sigmund Freud, "*Über Forel: Der Hypnotismus, seine Bedeutung und seine Handhabung*," Wiener medizinische Wochenschrift 34: 1098, 1889.

重新评价弗洛伊德的精神分析。

对精神分析的这种解读偏离了弗洛伊德自己的自我解读。哥伦布（Columbus）发现新大陆时，他认为他找到了一条通往印度的新道路。而在弗洛伊德所认为的与他所达成的之间也存在着差异。弗洛伊德认为，人可以用机械论解释，其心灵也可以通过技术而治愈。但是，他所达成的却是不同的东西，是站得住脚的东西，倘若我们根据存在的事实重新评价它的话。

根据西格蒙德·弗洛伊德曾经做出的表述，精神分析依赖于对两个概念的认识：作为神经症致病之因的压抑和作为神经症治愈之道的移情。凡是相信这两个概念重要的，他就可以理所当然地自视并自称为精神分析师。

压抑受到日益增加的意识的对抗。被压抑的材料应该被意识到。或者，正如弗洛伊德所说的，哪里有伊底，哪里就有自我。如果摆脱 19 世纪的机械论思想，而以 20 世纪的存在主义哲学的角度来看待，那可以说精神分析促进了人的自我理解。

同样，移情概念可以被改进和净化。阿德勒学派心理学家鲁道夫·德雷克斯（Rudolf Dreikurs）曾指出弗洛伊德的移情概念所固有的操纵特性。[①] 如果移情除去操纵特性，它就可以被理解为基于我—你关系之上的那种人与人会心的工具。事实上，如果自我理解要达成，那就必须以会心为促成媒介。换言之，弗洛伊德所说的哪
12 里有伊底，哪里就有自我可以被扩展为：哪里有伊底，哪里就有自我；但是，只有通过一个你，自我才能成为一个自我。

至于那深受压抑之害的，弗洛伊德认为是性。事实上，在他那个年代，性甚至是很大规模地被压抑。这是清教主义的结果，而这

① Rudolf Dreikurs, “The Current Dilemma in Psychotherapy,” *Journal of Existential Psychiatry* 1: 187－206, 1960.

种清教主义在盎格鲁—撒克逊国家是占主导地位的。因此，这些国家最容易接受精神分析，并且反对那些超越了弗洛伊德的心理治疗学派，这也就不足为奇了。

把精神分析等同于心理学或者精神病学会是一个巨大的错误，就如同把辩证唯物主义等同于社会学。弗洛伊德学派和马克思主义都是研究科学的单一方法，而非科学本身。当然，灌输式教育——西方的还有东方的方式——可能会模糊何为宗派与何为科学之间的差异。

不过，在某种程度上说，精神分析是无可替代的。就心理治疗学史而言，仍然保留给弗洛伊德的地位，使我想起了人们在世界上最古老的犹太教会堂——布拉格中世纪老新犹太教会堂（Alt Neu Synagogue）——所讲的一个故事。那里的向导向你介绍教堂内部时，他会告诉你，那个曾被那位著名的洛伊乌拉比（Rabbi Loew）坐过的座位，之后他的后继者中再没有任何人坐过；为他们建造了另一个座位，因为洛伊乌拉比永远都不能被取代，无人能与他相提并论。几百年来，无一人获准坐在他的座位上。弗洛伊德的这把交椅也应该空在那里。

第一部分

意义治疗学的基础

第一章
心理治疗的元临床含义

心理治疗的元临床含义（the metaclinical implications）主要是 15
指它关于人和人生哲学的概念。所有的心理治疗都有构成其基础的关于人的理论和人生哲学。无论是有意还是无意，心理治疗都是基于它们之上的。保罗·希尔德（Paul Schilder）把精神分析称为一种世界观（*Weltanschauung*），而不久之前F·戈登·普卢恩（F. Gordon Pleune）则说，“精神分析开业者首先是一名道德家”，并且“影响着人们的道德与伦理行为”①。

因此，问题不会是心理治疗是否基于一种世界观之上，而是其基于的这种世界观是正确的还是错误的。不过，这里的正确或者错误，意思是人性是否被保存在一个特定的哲学与理论之中。例如，人性被那些遵循“机器模型”或“大鼠模型”——戈登·W·奥尔
波特（Gordon W. Allport）② 如此称呼——的心理学家们无视或忽 16
略。对于第一种，我认为是一个值得注意的事实，人，只要他把自己看作是创造物，他就会按照上帝——他的创造者——的形象来解

① F. Gordon Pleune, “All Dis-Ease Is Not Disease: A Consideration of Psycho-Analysis, Psychotherapy, and Psycho-Social Engineering,” *International Journal of Psycho-Analysis* 46：358，1965；引自 *Digest of Neurology and Psychiatry* 34：148，1966。

② Gordon W. Allport, *Personality and Social Encounter*, Beacon Press, Boston, 1960.

释他的存在；但是，一旦他开始把自己看作是创造者，他就开始只按照他自己的创造物——机器——的形象来解释他的存在。

意义治疗关于人的概念基于三个支柱之上：意志自由、意义意志和生命意义。三者中的第一个——意志自由，与一个原则是相对立的，这个原则是当前大多数研究人的方法所具有的特征，即决定论。不过，实际上，它只是与我所习惯称为的泛决定论相对立，因为，谈到意志自由，绝不意味着任何先验的非决定论。归根结底，意志自由的意思是人的意志的自由，而且，人的意志是一个有限存在的意志。人的自由并不是无条件的自由，而是无论他面对什么样的条件都能坚持态度的自由。

在一次采访中，哈佛大学（那时还在麻省理工学院）的休斯顿·C·史密斯（Huston C. Smith）问我，作为一名神经学与精神病学的教授，我是不是认为人不受条件和决定因素的限制。我回答说，当然，作为神经学家与精神病学家，我充分了解人根本不能摆脱条件的限制，无论这些条件是生物的、心理的还是社会的。不过，我又补充说，我不仅是两个领域（神经学与精神病学）的教授，同时我还是四个营（即集中营）的幸存者，正因为如此，我也见证了人能够而且始终能够抵抗和勇敢面对最恶劣的条件，甚至到了意想不到的程度。使自己独立于最恶劣的条件，这是人的独特能
17 力。不过，人的这种使自己独立于可能不得不面对的任何境遇的独特能力，不仅通过英雄主义表现出来，就像集中营的情况那样，而且也通过幽默表现出来。幽默也是人的一种独特能力。我们不必为这个事实而感到羞愧。据说幽默甚至是一个神圣的特征。在三首圣歌中，上帝被称作“喜乐”之神。

幽默与英雄主义把我们引向自我分离（self-detachment）这个人类的独特能力。凭借这个能力，人不仅可以使自己与境遇相分

离，而且也可以与他自己相分离。他能够选择他对自己的态度。这样做，他真正地对他自己的身心状况及其影响因素表明态度。对于心理治疗学和精神病学、教育和宗教来说，这是至关紧要的问题。这一点是很好理解的，因为，就此而论，人可以自由地形成他自己的个性，而且人要对他把自己变成什么样的人负责。重要的并不是我们的个性特征或者驱力和本能本身，而是我们对它们所表明的态度。而表明这种态度的能力使我们成为人。

对身心现象表明态度意味着不受其水平的影响并且打开了新的维度，即纯理性现象（noetic phenomena）维度，或者说精神（noological）维度——与生物的和心理的维度截然不同。它是独特的人类现象之所在的维度。

它也可以被定义为心灵维度。不过，由于英语中“心灵的”（spiritual）具有宗教含义，因而必须尽可能地避免使用这个术语。我们由精神维度所理解的东西是人类学维度，而并非神学维度。这也适用于“意义治疗学”语境中的“意义”（logos）。“logos”的意
思除了是“意义”，这里还指“心灵”——不过，也没有多少宗教 18
含义。这里的“logos”意味着人之为人以及人之为人的意义。

每当人在自我反思时——如果必要的话，拒绝自己时，每当他把自己作为一个客体时——或者对自己持有异议时，每当他表现出对自己有所认识时——或者每当他展现出他是凭良心的时，他就经历了精神维度。事实上，凭良心的前提就是人类超越自身、在道德与伦理方面评判自己的行为的独特能力。

当然，有人可能丧失诸如良心这样的独特人类现象。有人可能仅仅从条件过程的结果方面来设想良心。但是，这样的解释仅仅在一些情况中是适当的、充分的，例如，一条尾巴夹在两腿之间的狗，弄湿了地毯而偷偷溜到长沙发下。这条狗真的表现出了良心

吗？我倒是认为它表现出了对惩罚的恐惧性预期——这很可能是条件过程的结果。

把良心还原为仅仅是条件过程的结果，这不过是还原论的一个实例。我把还原论定义为一种伪科学方法，它忽视人性现象，而是把这些现象变成纯粹的副现象，更具体地说，把它们还原为低级人现象。事实上，有人会把还原论定义为低级人道主义（sub-human-ism）。

举个例子，我来讨论两个现象——或许是最有人性的现象——爱与良心。这两个现象或许是另一个独特的人类能力的最突出表现，即自我超越的能力。人类超越自我，要么走向另一个人，要么
19 走向意义。我认为，爱是使他能够从独特性方面来理解其他人的能力，良心是使他能够从独特性方面领会境遇的意义的能力。归根结底，意义是独特的。每一个人都是如此。从根本上说，每个人都是不可替代的，如果对其他人来说不是，那么对于爱他的人来说他是不可替代的。

因为爱与良心的意向性对象具有独特性，所以两者都是直觉能力。不过，除了意向性对象的独特性这个共同点以外，它们之间也有区别。爱所设想的独特性指的是所爱之人可能具有独特的可能性。而良心所设想的独特性指的是独特的必要性，是可能不得不满足的独特需要。

还原论会把爱解释为纯粹的性欲升华，并且只在超我方面解释良心。我的论点是，实际上爱不可能只是性欲升华的结果，因为，无论升华何时发生，爱始终都是先决条件。我认为，只有到了我深情地指向你的程度——只有到了这个程度，自我也才能够融合伊底——才能够把性欲融合到人格中。

良心不可能只是超我——原因很简单，如果需要的话，良心恰

恰是用来反抗超我所传达的那些习俗与标准、传统与价值观的。因此，如果良心在特定情况下具有反对超我的功能，那它当然不会与超我相一致。把良心还原为超我和从伊底中推断出爱都是注定要失败的。

20 那么，是什么导致了还原论？要回答这个问题，我们必须考虑科学专业化的影响。我们正生活在一个专家们的时代中，这就造成了危害。我对专家的定义是：为了事实之树而不再看到真理之林的人。要在精神分裂症领域选择一个例子，我们面对着生物化学所提供的许多研究结果。我们也面对大量基于精神分裂症假设的心理动力学文献。另一类文献则关注精神分裂症的在世存在的独特方式。然而，我认为，那种坚决主张他真正了解精神分裂症是什么的人是在欺骗你，或者往最好里说，是在欺骗他自己。

借助单个科学用来描绘现实的那些图景已经变得越来越不同于彼此，以至于越来越难以获得这些不同图景的融合。图景之间的不同不必然构成损失，而很可能使得知识增进。就立体视觉来说，正是右边图景与左边图景之间的不同，促成了全部维度的获得，即三维空间而非二维平面。当然，有一个先决条件，即视网膜必须能够达成不同图景的融合！

适用于视觉的情形同样也适用于认知。挑战之处在于，面对有关人的细分科学所提供的分散的数据、事实以及研究结果，如何达成、如何保持以及如何恢复关于人的统一概念。

但是，我们无法使历史车轮倒转。社会不能没有专家。团队合作已经成为太多研究类型的特征，而在团队合作框架中，专家是必不可少的。

但是，危险真的在于缺乏普遍性吗？难道危险不是潜伏在整体

21 性的借口之中？危险在于作为专家的人的企图，比如说，在生物学领域，他试图只从生物学方面来理解与解释人。在主张整体性之时，生物学变成了生物学主义，心理学变成了心理学主义，而社会学就变成了唯社会学论。换言之，这时，科学就变成了意识形态。我觉得，我们应该悲叹的，并不是科学家们都在进行专门研究，而是专家们都在进行普遍化工作。我们都熟悉那种被称作可怕的简单化爱好者的类型。现在我们又认识了我想称之为可怕的普遍化爱好者这一类型。我指的是那些无法抵抗依据有限的研究结果就发表以偏概全的声明的诱惑的人。

我曾偶然看到一段话，它把人定义为“只不过是一个复杂的生物化学装置，由一个燃烧系统提供动力，这个系统给予具有庞大储存设备以保持编码信息的计算机能量”。作为一名神经病学家，我支持运用计算机作为模型的理由，比如说，作为中枢神经系统活动的模型。运用这样的类比是完全合理的。因而，在某种意义上说，这个陈述是正确的：人是计算机。然而，同时，他也远远不止是计算机。仅仅就把人定义为“只不过是”一台计算机而言，这个陈述是错误的。

如今，虚无主义不再谈论“虚无”从而暴露其面目。如今，虚无主义借由谈论人“只不过是什么”而掩蔽起来。还原论已经成了虚无主义的面具。

我们应该如何应对这种事态呢？面对还原论如何才能够保持人之为人？归根结底，面对科学的多元论——科学的多元论是还原论
22 兴盛的肥沃土壤——如何才能够保持人的统一性？

尼古拉·哈特曼（Nicolai Hartmann）和马克斯·舍勒，可能比其他任何人都更努力地解决我们所面对的这个问题。哈特曼的本体论和舍勒的人类学都尝试把一定范围的有限有效性分派给各自的

科学。哈特曼区分了不同的层次，诸如身体层次和心理层次再加上心灵顶点。这里的心灵的意思也没有宗教含义，而是在精神这个意义上。哈特曼把人类存在看作是一个层次结构。与之相比，舍勒的人类学使用了层面概念而不是层次，进而区分了多少有点外围的生物层面和心理层面与核心的人格层面——心灵之轴。

毫无疑问，哈特曼与舍勒两人都恰当处理了身体、心理与心灵之间的本体论区别，从质的区别而非纯粹量的区别方面对它们进行构想。然而，他们并没有充分考虑与这些本体论区别相对立的东西，即，我所称之为的人类的统一，或者，如托马斯·阿奎那（Thomas Aquinas）所说的，人是“多样化的统一”。艺术已被定义为多样化中的统一。我把人定义为尽管具有多样性却是统一的！

从身体、心理和心灵的层次或层面上来构想人，意味着探讨人就好像他的肉体的、心理的和纯理性的存在方式可以彼此分离一样。

通过我所称的维度人类学与维度本体论，我自己已经尝试同时
恰当处理本体论区别和人类学统一。这种方法利用维度这个几何概 23
念来类比质性的区别，这种区别并不破坏结构的统一。

我所提出的维度本体论（dimensional ontology），基于两个定律。维度本体论的第一个定律是：同一个现象从它自己的维度被投射到比它自己更低的不同维度，以这样的方式来描述，即单个图像之间是相互矛盾的。

想象一个圆柱体，比如说，一个杯子。从它的三维空间投射到水平的和垂直的两维平面上，在第一种情形中产生了一个圆形，而在第二种情况中则产生了一个矩形。见图 1。这些图像是相互矛盾的。甚至更为重要的是，这个杯子是一个敞口容器，与圆形和矩形形成对比，它们都是封闭的图形。又是一个矛盾之处！

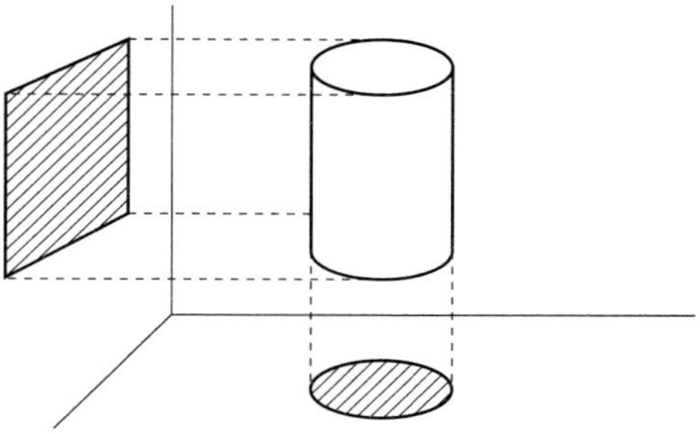

图 1

我们再来着手维度本体论的第二个定律：不同现象从它们自己的维度投射到比它们自己更低的一个维度，是以这样的方式来描述的，即这些图像是可作多种解释的。

24 想象一个圆柱体、一个圆锥体和一个球体。它们投在水平的平面上的阴影是三个可互换的圆形。见图 2。我们无法从其中推断出是什么投射出这个阴影的，即在这个阴影之上是什么，是圆柱体、圆锥体还是球体。

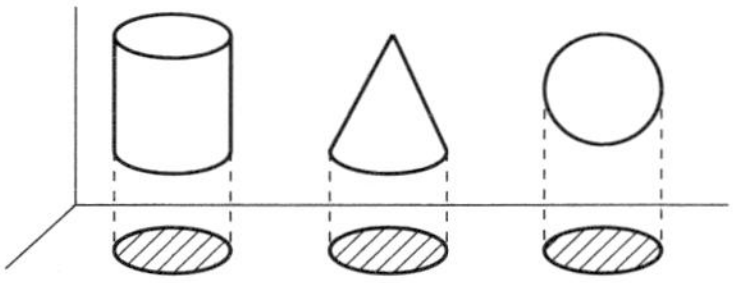

图 2

根据维度本体论的第一个定律，一个现象投射到更低的不同维度的结果是矛盾的；而根据维度本体论的第二个定律，不同现象投射到更低维度的结果是同型的。

那么，我们应该如何把这些形象运用到人类学和本体论上呢？一旦我们把人投射到生物的和心理的维度上，我们也会得到矛盾的结果。因为，在一个病例中，生物有机体是结果；而在另一个病例中，心理机制则是结果。不过，尽管人类存在的身体方面与心理方面可能会相互矛盾，但如果从维度人类学（dimensional anthropology）角度去察看，这个矛盾就不再与人的统一性相矛盾。或者是：圆形与矩形之间的矛盾与这两个结果都产生于同一个圆柱体的投射这个事实相矛盾吗?

维度本体论完全不能解决身心问题。不过，它的确解释了为什 25
么身心问题无法解决。人的统一——尽管具有身心多样性却是统一的——必然不会在生物的或者心理的维度上发现，而必须在那个精神维度上寻求，人首先从这个维度被投射出来。①

然而，除了心对身这个问题，还有决定论问题，即选择的自由问题。不过，这个问题很可能也要按照维度人类学来处理。杯子的敞口在水平维度与垂直维度上必然消失。那么，被投射到低于他自己的维度上的人看起来也是一个封闭的系统，无论它是对刺激的生理反射抑或是心理反应。那些动机理论，例如，坚持体内平衡原则的理论，仍然把人看作一个封闭的系统来讨论。不管怎样，这都意味着忽视了人类存在的开放性本质，马克斯·舍勒、阿道夫·波特曼（Adolf Portmann）和阿诺尔德·格伦（Arnold Gehlen）已经证明这种开放性。尤其是生物学家波特曼和社会学家格伦已向我们证
明人对世界是开放的。我认为，因为人类存在的自我超越性，成为 26
人始终意味着指引和指向自身以外的物或人。

所有这些在生物维度和心理维度上都消失了。不过，根据维度人类学，我们至少可以理解为什么这一定会发生。生物维度与心理

① 在回答康德和圣歌作者的“人是什么”问题之前，我们必须把它变成“人在哪里”这个问题。人性会在哪一个维度中被发现？我们一旦上了还原论的贼船，先验地声称人不过是动物，我们就不可能再发现别的东西。这个过程类似于一个笑话中所讲的拉比的故事。两个人请教这位拉比，其中一个人说他邻居的猫偷吃了5磅（约为2.3千克）黄油。猫主人否认说它从来都不喜欢黄油。拉比称了称猫的重量，看到它的重量正好是5磅。“现在我找到黄油了，”这位拉比陷入沉思，“但是那只猫在哪里呢?”那么，一旦我们的研究仅限于生物维度并限制在生物学主义投射上，那人在哪里呢?

维度上人的明显封闭性这下就不再与人性相矛盾。更低维度上的封闭性与更高维度上的开放性非常兼容，无论是圆柱形杯子的敞口，抑或是人的开放性。

更低维度上的合理研究结果尽管可能忽略了人性，但并不必然与之相矛盾，其原因这下也变得可以理解了。这同样适用于那些与华生的行为主义、巴甫洛夫的反射学、弗洛伊德的精神分析和阿德勒的心理学截然不同的方法。意义治疗学并没有废弃它们，而是涵盖了它们。它从更高的维度上看待它们——或者，像挪威心理治疗师比亚内・奎尔豪格（Bjarne Kvilhaug）① 特别提及学习理论和行为治疗而阐述的那样，意义治疗学重新解释并重新评价这些学派的研究结果——使之恢复人性。

这里有必要提醒一下。谈到与更低维度相对的更高维度时，并不包含价值判断。“更高的”维度的意思仅仅是指一个包罗更广泛的维度。②

27 在人类学中这是一个关键的问题。它恰恰意味着这样的认识：人已经成为人，但绝不意味着不再是动物，就像飞机不再能在机场四处移动。

正如我在引言中所指出的，弗洛伊德太过于伟大了，以至于没有认识到他总是把自己限制在“这个大厦的底层和地下室”，换言之，他把自己局限在更低的心理维度。他在写给路德维希・宾斯万格的信中接着声称他“已经为宗教找到了地方，把它安置在人类神经症的范畴中”，这时他成了还原论的受害者。甚至天才也不能完全抵制他的时代精神。

---

① 指其 1963 年 7 月 18 日在奥地利医学心理治疗学会上宣读的论文。

② 我还记得，在哈佛神学院的一次教师午餐会上，我介绍了维度本体论之后的问答环节，已故的保罗・蒂利希（Paul Tillich）是多么的坚持不懈和好奇。直到我把更高维度定义为一个包罗更加广泛的维度，他才满意。

那么，让我们看看维度本体论的第二定律如何应用于人类。我们只需要用神经症代替那三个可作多种解释的圆形，因为神经症也是可作多种解释的。神经症可能是心因性的，即传统意义上的神经症。此外，我自己的研究让我知道还存在体因性神经症。例如，有一些甲状腺功能亢进导致的广场恐惧症病例。最后而且同样重要的，还有我所称的心灵性神经症。它们产生于心灵问题、道德冲突或者是本章一开始我就提及的在真正良心与纯粹超我之间的那个冲突。不过，最重要的是心灵性神经症，它们起因于意义意志的挫败，以及我所称的存在挫败或者本书专门用一章来谈的存在空虚。

神经症的病因如此多维，它们的症状变得可作多种解释。而且，正如我们无法从圆形阴影推断出阴影之上是圆柱体、圆锥体还是球体，我们也无法断定神经症的背后是甲状腺功能亢进、阉割恐
惧还是存在空虚。只要我们把自己限制在心理维度上，我们至少无 28
法做出断定。

病理是可作多种解释的，因为，在一个特定病例中，我们仍然必须寻找受苦的意义。而受苦的意义并不必然与症状在同样的维度上，却很可能隐藏在另一个维度上。神经症的多维病因需要我所称的维度诊断。

适用于诊断的同样也适用于治疗。治疗也必须要多维定向。并不存在对于“注射与休克”的先验反对。在精神病学中被称为内因性抑郁症的病例中，使用药物是完全合理合法的，而在严重的病例中，甚至要应用电休克治疗。在盎格鲁—撒克逊人开始向甲丙氨酯进军之前，恰巧正逢我研制了欧洲大陆上第一个镇静性药物。在一些特殊病例中，我安排了额叶切除术，而在某些病例中，甚至亲自进行了这样的脑部手术。毫无疑问，所有这些并不排除对于同时存在的心理治疗——以及意义治疗——的需要，因为即使在这样的病

例中，我们并不仅仅在治疗疾病，我们还在与人打交道。

因而，对于一些人在一次国际会议上说，如果我们开始药物治疗，他们担心精神病学就会变得机械化，而患者可能就会感觉被非人化，我无法苟同。在维也纳综合医院（Poliklink Hospital of Vienna）神经内科，我的同事们使用药物，必要时甚至使用休克，但是并没有对患者的人格尊严施以暴力。另一方面，据我所知，许多深蕴心理学家对开药深恶痛绝，更别说使用休克了，但是，正是用他们关于人的概念，用他们研究人的机械论方法，他们的确侵犯了患者的人格尊严。这就是为什么我认为，十分重要的是，我们要对
29 用以研究患者的关于人的概念有清醒认识，并且要明确心理治疗的元临床含义。

重要的从来都不是技术本身，而是使用技术时所体现的精神。这不仅适用于药物和电休克治疗，而且也适用于弗洛伊德的精神分析，适用于阿德勒的心理学，同样还适用于意义治疗。

现在让我们再回到维度本体论的第二个定律，为了换换口味，用历史人物代替几何图形。更具体地说，让我们假定第一个圆形阴影代表一例有听幻觉的精神分裂症患者，而第二个圆形阴影代表圣女贞德。毫无疑问，从精神病学的观点看，这位圣人就只能被诊断为精神分裂症；只要我们把自己限制在精神病学的参照框架中，那圣女贞德“就只不过”是一个精神分裂症患者。她在精神病学维度上患精神分裂症这一事实一点都不会削弱她在其他维度上的重要性，反之亦然，即使我们认为她是圣人是理所当然的事，这也不能改变她也是精神分裂症患者这一事实。

精神病医生应该把自己限制在精神病学维度，但并非不管它就只是一个精神病学现象还是并不仅仅是精神病学现象，都根据精神病学现象得出结论。然而，把自己限制在精神病学维度意味着把一

个特定现象投射到精神病学维度上。只要这位精神病医生认识到他在做什么，这就是完全合理的。甚至可以说，这些投射不仅是合理
的，而且在科学上是必需的。科学因为现实的多维性而无法处理 30
它，但又必须处理现实就好像它是一维的。然而，如果仅仅是要避免还原论的缺陷，那科学家应该对他的所作所为保持清醒认识。

投射可作多种解释的另一个例子多年前发生在我所居住的维也纳街区。一家烟草店的老板遭到一个无赖的突然袭击，情急之下她大声呼喊她的丈夫弗朗茨（Franz）。一个门帘把商店分为两部分，那个无赖以为弗朗茨随时都可能从门帘后面冲出来，他仓皇逃走并且被抓到了。一连串正常的事件，不是吗？但是，实际上，弗朗茨在两周前已经去世了，而他妻子向老天祈祷恳求她丈夫请上帝来救她。那么，我们希望如何解释这一系列正常事件，完全取决于我们每一个人，无论是根据无赖的误解（也就是说在心理上），还是根据上帝接受了祈祷。我相信，如果存在上帝，而且如果上帝接受了祈祷，那它会把这一点隐藏在一系列正常事件背后。

第二章 作为人类现象的自我超越

31 在上一章中，我说人对世界是开放的。他与动物形成如此对比，动物并不对世界开放，而是受特定于其物种的环境的约束。环境包含对物种的本能构造有吸引力的东西。与此相反，突破智人物种（the species *homo sapiens*）的环境障碍正是人类存在的独特成分。人在竭力想得到，而实际上也达到了，最终获得了这个世界——一个充满了要遇到的其他人以及要实现的意义的世界。

这样的观点与那些基于体内平衡原则的动机理论形成强烈对比。这些理论把人描述得就好像他是一个封闭的系统。根据这些观点，人主要关注维持或者恢复内部平衡，为此目的而关注紧张的减少。归根结底，这也被假定为驱力满足和需求满足这个目标。正如夏洛特·彪勒（Charlotte Bühler）① 曾正确地指出：“从弗洛伊德
32 最早对快乐原则的表述，到目前最新版本的紧张释放和体内平衡原则，一生中所有活动的不变的终极目标被构想为个体平衡的重新建立。”

快乐原则服务于体内平衡原则的目的；而且，反过来，快乐原

① Charlotte Bühler, “Basic Tendencies in Human Life: Theoretical and Clinical Considerations,” in *Sein und Sinn*, edited by R. Wisser, Tübingen, 1960.

则的目的由现实原则提供服务。根据弗洛伊德的表述，现实原则的目的是获得快乐，尽管是延迟的快乐。

冯·贝塔朗菲（Von Bertalanffy）可以证明，甚至在生物学中，体内平衡原则都站不住脚了。戈尔德斯坦（Goldstein）根据脑病理学可以为他所持的如下论点提供证据：追求体内平衡并非正常有机体的特征，而是障碍的迹象。只有在疾病的情况下，有机体才会不管怎样都要避免紧张。在心理学领域中，奥尔波特①反对体内平衡理论，并且指出它“不足以代表适当努力的性质”，适当努力的“典型特征是它对平衡的抵抗：紧张被保持，而不是被减少”。马斯洛（Maslow）② 以及夏洛特·彪勒③都发表了类似的反对。在最近的一项研究中，夏洛特·彪勒④阐明：“根据弗洛伊德的体内平衡原则，终极目标是获得那种通过使他所有渴望平息下来而恢复个体平衡的完全满足。从这个观点来看，人类的所有文化创造实际上就变成了个人满足驱力的副产品。”不过，甚至对于精神分析理论 33
的未来改革，夏洛特·彪勒⑤都是怀疑的，正如她所说：“尽管为了精神分析理论重获新生而进行了所有尝试，但它永远都不能摆脱它的基本假设，即所有努力的首要终极目标是体内平衡满足。创造价值和完成事情都是次要目标，归因于自我与超我对伊底的战胜，不过，最终还是服务于满足。”与此相反，夏洛特·彪勒“认为人是带有意向性活着的，意即带着目的活着的。这个目的就是赋予生命

---

① Gordon W. Allport, *Becoming: Basic Considerations for a Psychology of Personality*, Yale University Press, New Haven, 1955.

② Abraham H. Maslow, *Motivation and Personality*, Harper & Brothers, New York, 1954.

③ Charlotte Bühler, "Theoretical Observations about Life's Basic Tendencies," *American Journal of Psychotherapy* 13: 561, 1959.

④ Charlotte Bühler, "The Human Course of Life in its Goal Aspects," *Journal of Humanistic Psychology* 4: 1, 1964.

⑤ Charlotte Bühler, "Some Observations on the Psychology of the Third Force," *Journal of Humanistic Psychology* 5: 54, 1965.

以意义……个体……想要创造价值”。更进一步说，“人”具有“一个首要的或者天生的倾向，朝向创造和价值”。

因此，体内平衡原则并没有产生一个解释人类行为的充分理由。尤其是诸如面向价值与意义的人的创造性这样的人类现象，在这样的参考框架中形成盲点。

至于快乐原则，我会更进一步地批评。我的观点是，归根结底，快乐原则是自我挫败的。一个人越是以快乐为目标，他就越是会错过这个目标。换句话说，正是“追求幸福”阻碍了它。寻求快乐的这种自我挫败特性导致了许多性神经症。精神病医生常常能够目睹性高潮与性交能力因为被作为意向的目标而受到阻滞。如果过度的意向与过度的注意相联系，那这个情况就会更加会发生了，而这是很常见的。过度意向（hyper-intention）和过度反思（hyper-reflection）——我习惯这样称呼它们——很可能造成行为的神经症模式。

34 通常情况下，快乐从来都不是人努力的目标，而是——而且必须仍是——结果，更具体地说，是达成目标的一个意外结果。达成目标构成了幸福的理由。换言之，如果有幸福的理由，那么幸福随之而来，可以说是自动自发的。这就是为什么一旦有了幸福的理由就不用追求幸福，不用在意它。见图 3。

不过，更进一步说，人不能追求幸福。如果一个人把幸福当成了他的动机的目标，那么他必然把它作为他注意的目标。但是，恰恰因为如果这样做，他就看不到幸福的原因，进而幸福本身一定会消失。

弗洛伊德的心理学对快乐原则的着重类似于阿德勒的心理学对地位驱力的强调。然而，这种努力也会是自我挫败的，因为展现出地位驱力的人迟早都会被作为追求地位的人而遭到解雇。

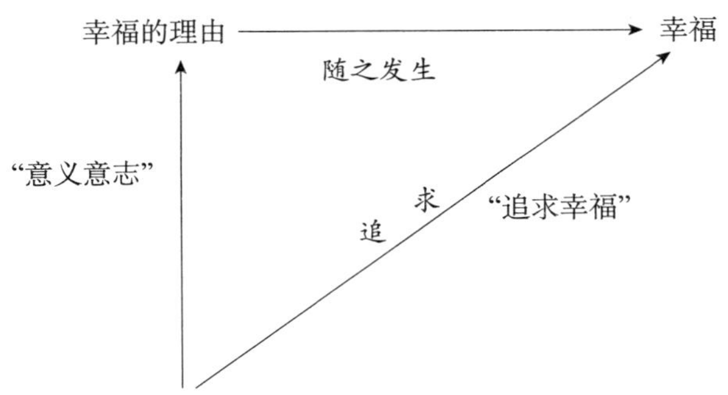

图 3

我自己的一个个人经验可能有助于阐明这一点。如果说我的23本书中有哪一本取得成功的话，那就是那本我最初打算匿名出版的 35
书。在我完成了手稿之后，朋友们说服我让出版商在这本书上署上我的名字。[①] 正是我写作时坚信不会也不能带来成功与名望的这本书，恰恰实际上取得了成功，这难道不值得注意吗？对于年轻的作家们来说，这可能起到例证和劝告的作用，要听从科学良心或者艺术良心，视情况而定，而且，不要在意成功。成功与幸福必定会发生，而且，你越少在意它们，它们就越能够发生。

归根结底，地位驱力或者权力意志、快乐原则（或者有人也会把它称为快乐意志），都是人的首要关注——他的意义意志，即意义治疗学立基其上的一组三个概念中的第二个——的纯粹衍生物。我所称的意义意志可以定义为人发现并实现意义和目的的基本努力。

但是，把权力意志和快乐意志说成是意义意志的纯粹衍生物，理由何在？简单地说，快乐不是作为人的努力的目标，实际上是意义实现的结果。而权力不是作为目标本身，实际上是达到目标的工具；如果人想要实现他的意义意志，一定数量的权力——比如说，

① 德文原版出版时，书的护封上仍然没有印作者的名字。

财政权力——基本上是不可缺少的前提。只有当一个人对意义实现的最初关注受到挫败，他才会或者以权力为满足，或者一心想要快乐。见图 4。

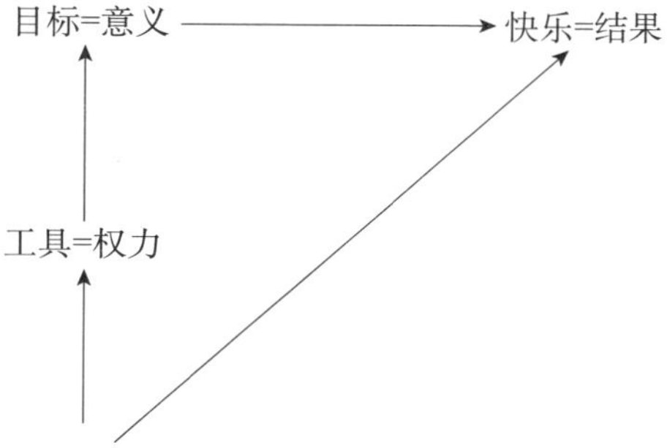

图 4

36 幸福与成功都是实现的纯粹替代品，而这就是为什么快乐原则和权力意志是意义意志的纯粹衍生物。因为它们的发展是建立在对人的最初动机的神经症扭曲基础之上的，不得不处理神经症的经典心理治疗学派的创立者们，仅仅根据他们在治疗患者时所观察到的那些典型的神经症动机而提出了他们的动机理论，就是可以理解的了。

那么，快乐的过度意向可以追溯到另一个更基本的关注的挫败上。让我用一个笑话来说明这一点。一个人在街上遇到他的家庭医生。“你好吗，琼斯先生?”那位医生问。“请再说一遍好吗?”那个人要求。“你——好——吗?”医生又问。“你看，”那个人回答，“我的听力已经恶化了。”现在轮到医生了：“你肯定喝酒喝得太多了。把酒戒了，你会听得更清楚。”

几个月后，他们又遇到了。“你——好——吗，琼斯先生?”
37 “你不必对我大声嚷嚷，医生。我听得非常清楚。”“你肯定已经戒酒了吧?”“确实如此。”几个月之后，他们第三次相遇。不过，医生不得不再次提高他的嗓门以使得那人能明白自己的意思。“你肯定又继续喝酒了吧?”他问他的患者。而后者回答说：“听着，医生。首先我是在喝酒，而我的听力变得更差了。那时我戒了酒，听得更清楚了。但是，我所听到的都不如威士忌酒好。”

这个人已经对他能听到的感到挫败，这就是为什么他又开始喝酒了。因为他所听到的没有给予他感觉幸福的理由（reason），他追求幸福本身。自从酒精在生物化学这条弯路上带来快乐之后，幸福甚至也接踵而至。众所周知，快乐不能通过直接想要它而获得。但是，正如我们现在所看到的，它可以通过生物化学介质而获得。那么，缺乏快乐理由的人，就提供给自己一个原因（cause），其结果是快乐。原因与理由之间区别是什么？理由始终是心理的或者精神的东西，而原因始终是生物的或者生理的东西。如果你切洋葱，那你没有理由哭泣；然而你的泪水是有原因的。如果你感到绝望，你就会有理由哭泣。或者，如果一位登山者达到 10 000 英尺（约为 3 千米）的高度而感到憋闷，那他的感觉可以有理由或者原因。如果他知道他的装备很差或者训练不足，他的焦虑就有理由。但是，也很可能就只有一个原因——缺氧。

现在让我们回到意义意志这个概念。这是一个非常契合夏洛特·彪勒①的基本倾向的假设。因为，根据她的理论，实现是终极
目标，而四个基本倾向是服务于实现这个目标的，条件是，所说的 38
实现其含义是意义实现，而不是自我实现。

自我实现并不是人的最终目的地。它甚至都不是他最初的意向。自我实现，如果本身被作为目标，是与人类存在的自我超越特性相矛盾的。跟幸福一样，自我实现是一个结果，是意义实现的结

① Charlotte Bühler, “Theoretical Observations about Life's Basic Tendencies,” *American Journal of Psychotherapy* 13: 561, 1959.

果。人只有到了实现这世界上的意义的程度上，他才实现自己。如果他打算自我实现而不是实现意义，自我实现就立刻失去了它的正当理由。

我认为，自我实现是生命意向性的无意结果。对于这一点的论述，再没有人比伟大的哲学家卡尔·雅斯贝尔斯（Karl Jaspers）更简洁了，他说："人是什么，他已通过他的所作所为表现出来。"

我认为，如果人想要自我实现，他就丧失了自我实现的所有基础，我的这个论点与马斯洛的观点完全一致，因为他亲口承认"自我实现这件事"最好是能"通过致力于一个重要的工作"① 来进行。在我看来，对自我实现的过分关注可以追溯到意义意志的挫败。只要回飞镖（boomerang②）未击中目标，它就会回到把它投掷出去的猎人那里，与此相似，只要人没有完成他的使命，他也会回到自身并且专心于自我实现。③

从马斯洛的观点来说，适用于快乐与幸福的，也适用于高峰体
39 验。它们也是而且必然都是结果。它们也是继而发生的，而且不能追求。马斯洛本人会同意这个说法，因为这就是他自己的论点："追逐高峰有点像追逐幸福。"④ 而且，他承认："高峰体验这个词是一个类化。"⑤ 不过，这仍然是一个没有充分表达实情的陈述，因为他的概念不仅仅是一个类化。在某种程度上，它甚至过于简单化。这同样适用于另一个概念，即快乐原则。终究，快乐同样与引起它

---

① Abraham H. Maslow, *Eupsychian Management : A Journal*, R. Irwin, Homewood, Illinois, 1965, p. 136.

② boomerang，回飞镖或回力镖，澳大利亚原住民用的武器，投出后如击不中目标能飞回原处。——译者注

③ Viktor E. Frankl, *Psychotherapy and Existentialism : Selected Papers on Logotherapy*, Washington Square Press, New York, 1967.

④ Abraham H. Maslow, "Lessons form the Peak-Experiences," *Journal of Humanistic Psychology* 2: 9, 1962.

⑤ Abraham H. Maslow, "Fusion of Facts and Values," Lecture read before the Association for the Advancement of Psychoanalysis on March 28, 1963.

的原因无关。幸福同样与体验到它的理由无关。马斯洛本人再次承认:“我们对幸福的内在体验都是非常相似的,而不论是什么激发出了这些体验。”① 关于高峰体验,他作了类似的表述,大意是:它们是完全一样的,尽管“促成因素是非常不同的——我们从摇滚、吸毒和酒精中得到高峰体验”,但“主观体验往往是相似的”。

显然,探讨体验的统一形式而不是它们的不同内容,意味着人类存在的自我超越特性已经被拒之门外了。然而,“每时每刻”,正如奥尔波特所阐述的,“人的心理都是被某种意向所指引”②。施皮格伯格(Spiegelberg)也把意向称作“指向客体的行为的特性”③。他倾向于布伦塔诺(Brentano)的论点:“所有心理现象的特征都指向内容、指向客体。”④ 不过,就连马斯洛也意识到了人类体验的 40
这种意向性,他的表述证明了这一点:“在真实的世界中,不存在诸如没有为之脸红的东西而脸红这样的事情。”换言之,脸红总是意味着“在一个背景下的脸红”。⑤

由此,我们可以看出,心理学中“在一个背景下”察看现象是多么重要,更具体地说,在背景中以各自的客体来察看诸如快乐、幸福和高峰体验这些现象,也就是说,以一个人不得不快乐的理由和他不得不体验高峰和幸福的理由来察看。隔绝这些体验所涉及的客体必然导致心理学的困厄。这就是为什么按照这个假设——人在意快乐与幸福而不管体验它们的理由——无法完全理解人的行为。

---

① Abraham H. Maslow, “Lessons form the Peak-Experiences,” *Journal of Humanistic Psychology* 2: 9, 1962.

② Gordon W. Allport, *Personality and Social Encounter*, Beacon Press, Boston, 1960, p. 60.

③ Herbert Spiegelberg, *The Phenomenological Movement*, Nijhoff, The Hague, 1960, p. 719.

④ Franz Brentano, *Psychologie vom empirischen Standpunkt*, Meiner, Leipzig, 1924, p. 125.

⑤ Abraham H. Maslow, *Motivation and Personality*, Harper & Brothers, New York, 1954, p, 60.

这样的动机理论不考虑彼此不同的理由，而是支持总是相同的结果。实际上，人并不在意快乐与幸福本身，而是在意那些引起这些结果的东西，无论它是个人意义的实现，还是与一个人会心。这甚至适用于与神的相遇。由此可知，我们必然很怀疑由 LSD（一种迷幻剂）或者其他类型的药物所引起的那种高峰体验。如果化学原因取代心灵理由，那结果就是纯粹的人造物。这条捷径以死胡同而告终。

健康与良心也属于那些不能追求而必须是继而发生的现象类
41 别。如果我们力求好良心，那我们不再有理由拥有它。这一事实已使我们成了自以为讲道德的人。如果我们把健康作为我们主要关心的事，那我们就已经患病了。我们已经成了疑病症患者。

谈到在追求快乐、幸福、自我实现、高峰体验、健康和良心之中所固有的自我挫败特性，让我想起了上帝邀请所罗门（Solomon）说出愿望的故事。所罗门沉思了片刻说，他想要成为他的人民的智慧审判者。随即上帝说："好的，所罗门，我会满足你的愿望，会让你成为有史以来最有智慧的人。不过，恰恰是因为你并不在意长寿、健康、财富和权力，除了你想要的我还会把这些也都给你，而且，除了让你成为最有智慧的人，我还要让你成为有史以来最强大的国王。"因此，所罗门收到了他并没有想要的这些礼物。

原则上，有理由设想，正如翁格斯马[①]所设想的，弗洛伊德的快乐原则是小孩子的指导原则，阿德勒的权力原则是青少年的指导原则，而意义意志则是成熟的成年人的指导原则。"因此，"他说，

---

① Aaron J. Ungersma, *The Search for Meaning: A New Approach to Psychotherapy and Pastoral Psychology*, Foreword by Viktor E. Frankl, The Westminster Press, Philadelphia, 1961.

“维也纳三个心理治疗学派的发展可以看作是反映了个体从童年到成熟的个体发展。”然而，规定这样的顺序的主要理由是如下事实：在发展的最早阶段，还没有意义意志的迹象。不过，一旦我们承认，生命就是一个时间构型（*Zeitgestalt*），一个时间格式塔，而且，只有在生命历程完成之后才变得完整，那这个事实就不再令人
尴尬。因此，某种现象可以构成人性的一个基本方面，却只有在发 42
展的高级阶段才显现出来。[①] 让我们看看另一个确定属于人类的能力，即创造并使用符号的能力。毫无疑问，它是人类的一个特征，虽然并没有一个人见过新生儿掌握了语言。

我已说过，人并不在意快乐与幸福本身，而是在意引起这些结果的东西。这一点在不幸的情况中是最显而易见的。让我们设想一下：一个人正为深爱之人的去世而悲恸，给他几片镇静性药物让他减轻抑郁。除了神经症性逃避现实的情形以外，我们可以肯定的是，他会拒绝平复他的悲伤，因为他会认为这不能改变任何事情，这样也不能让深爱之人复生。换言之，抑郁的理由仍在。除非他是一个神经症患者，否则他会关注他抑郁的理由，而不关注抑郁的消
除。他是足够现实的，知道在事情面前闭上双眼并不能消除这件 43
事。而且，我认为，科学家至少应该和正常人一样是现实的，探索人的行为应该在行为的意向性对象背景之中进行。

---

① “我主张，”爱德华·巴西斯（Edward M. Bassis）说，“‘意义意志’之于年纪较长的人，就像动机之于年轻人一样。问题似乎是，一直到儿童发展到充分掌握语言能证实我们的推断的年龄，我们才能推断出它的存在。尽管从现象学上来说，证明年轻人身上的‘意义意志’的证据在我看来是令人信服的。自出生起，他就投身世界之中，这个世界持续不断地提供有待发现的新奇迹、有待探索与体验的关系以及有待创造的活动。婴幼儿之所以如此急切地寻求新体验、对自己及环境做尝试、不断地创新并且发展人之潜能，其理由就在于‘意义意志’。任何人对一个1岁的孩子观察一段时间，然后根据需要满足和驱力降低来解释他的有目的的行为及生活乐趣，而对幼儿的不成熟人性不感觉愧疚，我都表示质疑。”（未发表的论文）

克伦博（Crumbaugh）和马霍利克（Maholick）[1] 提供了意义意志概念的实验证据，他们声称："观测与实验数据的趋势对弗兰克尔所假设的人的驱力的存在有利。"不过，这提出了如下问题：根据"人的驱力"来谈意义意志是不是合理的？我认为是不合理的。因为，如果我们在意义意志中看到的就只是另一个驱力，那人再次被看作是一个主要关注内部平衡的存在。显然，他就会为了满足意义驱力而实现意义，也就是说，为了恢复他的内部平衡。那么他实现意义并不是为了意义本身，而是为了他自己的缘故。

不过，就算抛开赞同体内平衡原则不谈，根据驱力来设想人的首要关注，就只是对实际状况的不准确的描述。对于人以意义为方向时他身上所发生的事情的无偏见观察，可以揭示出在被驱使做某事和奋力争取做某事这两方面之间的根本区别。人受驱力推动，受意义拉动，这正是生命体验的直接数据之一，而这样就意味着，他是否希望实现后者取决于他的决定。因此，意义实现总是意味着作决定。

因此，我论及意义意志以防止在意义驱力方面对这个概念的误
44 解。这个术语中绝不包含唯意志论偏见。诚然，罗洛·梅（Rollo May）[2] 主张："存在主义方法让意志与决定回到画面的中心"，而且，在"存在心理治疗师们把意志与决定这些问题作为治疗过程的中心来关注"之后，"建筑者们所抛弃的这块石头已成了房角的头块石头"。不过，我还想要补充一下，我们也必须留意，以免陷入宣扬意志权力或者教授唯意志论之中。意志不能被要求、指挥或者命令。不能对意志行使意志。而且，如果意义意志被引发出来，那

---

① James C. Crumbaugh and Leonard T. Maholick, "The Case for Frankl's 'Will to Meaning,'" *Journal of Existential Psychiatry* 4: 43, 1963.

② Rollo May, "Will, Decision and Responsibility," *Review of Existential Psychology and Psychiatry* 1: 249, 1961.

么意义本身必须被阐明。

夏洛特·彪勒[1]认为："健康的有机体的功能依赖于释放紧张与维持紧张的交替。"我认为，与这种个体发生交替并行的是种系发生交替。存在着增加紧张与减少紧张的时期，这可以在人类历史中观察到。弗洛伊德的时代是大规模性压抑造成紧张的时期。我们生活在放松的时代，特别是性释放的时代。尤其是居住在盎格鲁—撒克逊国家的那些人，由于清教主义，太长时期都遭受着大量的性压抑。正如第一章中所指出的，弗洛伊德为他们所做的服务使得他们终生感激他，而这种终生的感激很可能引起对精神病学中超越精神分析的新方法的非理性抵抗。

如今人们免于遭受紧张。首先，这种紧张缺乏是由于意义丧 45
失——我描述为存在空虚，或者意义意志挫败。

在佐治亚大学校园报上刊登的一篇社论中，贝姬·利特（Becky Leet）提出了如下问题："对于年轻一代来说，弗洛伊德或者阿德勒有多重要？我们已经有药丸让我们摆脱性满足的影响——如今没有被挫败或抑制的医疗需要。我们已经得到了权力——目睹了美国政治家们对25岁以下人群的敏感。另一方面，弗兰克尔说，如今人们生活在存在空虚中，这种空虚主要以一种无聊的状态表现出来。无聊——耳熟吧？你知道有多少人抱怨无聊吗——即使所有一切我们都已唾手可得，包括弗洛伊德的性和阿德勒的权力？这就让你想知道为什么。弗兰克尔可能有答案。"

当然，他并没有答案。毕竟，给出答案并不是意义治疗的功能。它的实际功能是催化剂功能。一位从越南写信给我的年轻美国人已经描述了这个功能："我仍然没有从你的哲学中找到我问题的

① Charlotte Bühler, "Basic Tendencies in Human Life: Theoretical and Clinical Considerations," in *Sein und Sinn*, edited by R. Wisser, Tübingen, 1960.

答案，不过，你已使我自己的自我分析之轮再次转动起来。”

教育在多大程度上加强了存在空虚，促成了紧张缺乏？仍建立在体内平衡理论基础之上的教育，受如下原则的指导：加在年轻人身上的要求应尽可能少。诚然，年轻人不应该受到过多的要求。但是，我们也必须考虑到如下事实：至少在现在，在这个富裕社会的时代，大多数人受到太少的要求而不是太多。富裕社会是一个要求不足的社会，人们由此而免于紧张。

46 然而，免于紧张的人们很可能创造出紧张来，以健康的方式或是不健康的方式。关于健康的方式，在我看来似乎是运动的功能，使得人们通过故意把要求强加给他们自己来实现他们对于紧张的需要，而那个要求是因为要求不足的社会而避免掉的。甚至，某种禁欲主义在我看来似乎是与运动有关联的。因而，像德国社会学家阿诺尔德·格伦[①]所哀叹的不存在一个代替中世纪禁欲主义美德的世俗对等物是没有道理的。

关于紧张被创造出来的不健康方式，尤其是在年轻人身上的，我们只需想想被称为垮掉的一代和小流氓的那类人。他们挑衅警察，就像维也纳的情形；或者，就像美国东海岸的情形，他们“为吓倒对方而互相挑战和威胁”（play chicken[②]）。这些人与那些沉迷于冲浪的人一样，都是在拿生命冒险，为此而逃学、旷课，就像美国西海岸的情形。不需说，我的论点是针对那些上瘾者的。LSD 成瘾的人服用它是为了同样的目的，即获得快感或者寻求刺激。在英格兰，摩登派和摇滚派互相争斗。在奥斯陆，故意破坏公物的行为被以前的破坏者成功反击。每天晚上，十几个 14 至 18 岁的志愿者看守着福洛格纳公园的游泳池，乘坐奥斯陆的有轨电车阻止乱划座

---

① Arnold Gehlen，*Anthropologische Forschung*，Rowohlt，Hamburg，1961.

② 美国俚语，类似于两车马上要相撞的时候再错开这样的冒险游戏。——译者注

套。超过一半的男孩曾经是小流氓。相关报告指出："他们发现站在法律一边来反对它是足够令人兴奋的。"也就是说，他们一直在寻找兴奋与紧张，那种他们因这个社会而免于的紧张。

教育避免使年轻人面对理想与价值。它们被回避了。美国文化有一个特征在欧洲人看来是引人注目的。我指的是痴迷于避免是极 47
权主义的，避免哪怕是指导性的。这种痴迷可以追溯到清教主义，一种道德和伦理的权威主义和极权主义。使年轻人不面对理想与价值的这种痴迷很可能是反向形成（reaction formation）。

对于意义和目的可能会被强加在我们自己身上的这种集体强迫性恐惧，已经导致了对抗理想与价值的特异反应性。婴儿已经和洗澡水一起被倒掉了，理想与价值已经被摈弃了。然而，俄克拉何马大学医学院精神病学、神经学和行为科学系主任 L. J. 韦斯特（L. J. West）① 最近才发表了如下表述："我们的年轻人可以担负得起理想主义，因为他们是这个富裕社会的第一代。然而，他们无法担负起唯物主义——辩证法的或者资本主义的——因为他们是可能真的会看到世界末日的第一代。我们的年轻人已经受了足够多的教育，知道只有人类大同的理想才可以拯救世界和他们。"显然，他们确实是这样的。允许我引用一下奥地利工会所进行的一次民意测验。结果表明，在所筛选的 1 500 名年轻人中，87%的人表达了他们的信念：拥有理想是有价值的。改变一下，引用一位心理学家约翰·H·格伦（John H. Glenn）② 的话，甚至在大规模上，"理想正是生存之本质所在"。

---

① Louis Jolyon West, "Psychiatry, 'Brainwashing' and the American Character," *American Journal of Psychiatry* 120: 842, 1964.

② John H. Glenn, *The Detroit News*, February 20, 1963.

与体内平衡理论相反，紧张并不是要无条件避免的东西，而内心宁静或者灵魂安宁并不是无条件公开宣称的东西。适当多的紧
48 张，如由实现意义所引起的那种紧张，是人身上所固有的，而且是心理健康所必需的。人最需要的是由趋向所产生的那种紧张。弗洛伊德[①]曾说过："人只要坚持坚定不移的观念，他就是强有力的。"事实上，这在日本和朝鲜的战俘营［分别引自纳尔迪尼（Nardini）[②] 和利夫顿（Lifton）[③]］和集中营中都接受了检验。甚至在正常情况下，坚定不移的意义取向，即使不是生命保护动因，那也是健康促进动因和生命延长动因。它不仅有利于身体健康，也有利于心理健康。[④]

请允许我谈一下去年加利福尼亚大学伯克利分校校园里所发生的事。当纠察开始时，学生医院精神病科的住院人数骤降。而一旦纠察结束了，住院人数剧增。几个月来学生们在言论自由运动中发现了意义。

谈到自由，让我想起了很多年前我在一所美国大学作讲座时所遇到的事。一位著名的美国弗洛伊德学派学者，评论我曾宣读过的一篇论文，他报告说他刚从莫斯科回来。他说，他发现那里的神经症发病率比美国的低。他补充说，这可以追溯到如下事实：正如他所感受的，在社会主义国家中，人们更经常面对要完成的任务。"这支持了你的理论，"他得出结论，"意义趋向和任务取向从心理
49 健康方面来说是重要的。"

---

① Sigmund Freud, *Gesammelte Werke*, Vol. 10, p. 113.

② J. E. Nardini, "Survival Factors in American Prisoners of War," *American Journal of Psychiatry* 109: 244, 1952.

③ Robert J. Lifton, "Home by Ship: Reaction Patterns of American Prisoners of War Repatriated from North Korea," *American Journal of Psychiatry* 110: 732, 1954.

④ Theodore A. Kotchen, "Existential Mental Health: An Empirical Approach," *Journal of Individual Psychology* 16: 174, 1960.

一年后，一些波兰的精神病医生邀请我宣读一篇关于意义治疗的论文，当我宣读的时候，我引用了这位美国精神分析师的话。“你们比美国人更少患神经症，因为你们有更多的任务要完成。”我告诉他们。而他们暗自得意地笑了。“不过，不要忘记，”我补充说，“美国人保留了选择他们的任务的自由，而这个自由在我看来有时被拒绝给你们。”他们不笑了。

要是能综合东方与西方、融合任务与自由该有多好。那样自由就可以全面发展。这真的是一个需要积极补充的消极概念。[①] 而这个积极的补充就是责任。责任有两个意向性对象。它指的是我们要对其实现负有责任的意义，也指的是我们对之负有责任的存在。所以，如果民主被理解为没有责任的自由，那民主的合理精神实质就只是被片面地想象了。

除非按照责任来行使自由，否则自由就有沦为纯粹的任意之虞。我想说的是，东海岸的自由女神像应该得到西海岸的一个责任雕像的补充。

---

① 这同样适用于基于抗议运动的许多理念。大量抗议真的是反检查的，反对某事，而不是提供所争取的一个积极替代方案。

第三章 何谓意义

50 我一直努力传达：存在动摇了，除非有“一个坚定不移的观念”，就像弗洛伊德所说的，或者有一个坚定不移的理想去坚持。引用阿尔伯特·爱因斯坦（Albert Einstein）的话：“把自己的生命视为没有意义的人，不仅不幸福，而且也没有能力生活。”

然而，存在不仅是意向性的，还是超越性的。自我超越是存在的本质。人类是指向自身之外的东西的。引用鲁道夫·阿勒斯（Rudolf Allers）① 的话，人类行为指向的意向性对象的“他性”（otherness）也属于这类“他性”。再次引用阿勒斯②，由此而构成了“超越主体性范畴”。然而，模糊这种超越主体性已成为一种潮流。在存在主义的影响下，重点已经放在了人类的主观性上。实际上这是对存在主义的误读。那些自称已经克服了客体与主体之间的二分法的作者们并没有意识到，正如真正的现象学分析会揭示出来
51 的，并不存在处在基于客体与主体之间的紧张这个极域（polar field）之外的认知这类东西。这些作者们习惯于谈论“在世存在”。

---

① Rudolf Allers, “The Meaning of Heidegger,” *The New Scholasticism* 26：445，1962.

② Rudolf Allers, “Ontoanalysis：A New Trend in Psychiatry,” *Proceedings of the American Catholic Philosophical Association*，1961，p. 78.

然而，要准确地理解这个短语，就必须认识到，人之为人，有着深刻的含义，意味着参与并卷入情境之中，而且所面对的世界是其客观性和现实性绝不会因“在这个世界之上”的那个“存在”的主观性而有所减损的。

保持客体的“他性”、客观性，意味着保持建立在客体与主体之间的那种紧张。这种紧张跟在“我是”与“我应该”之间①、在现实与理想之间、在存在与意义之间的紧张是一样的。而且，如果这种紧张应该被保持，就必须防止意义与存在相重合。要我说，是意义的意义引领存在。

我想把这个必要性与《圣经》里讲述的那个故事作比较：当以色列人漫步荒野时，上帝的荣耀以云的形式在前面引导——只有以这种方式，以色列人才可能受到上帝的指引。想象一下，另一方面，如果以云为象征的上帝的出现，是在以色列人的中间，而不是引领着他们，那这片云就会遮蔽一切，而以色列人就会迷路。

由此可以看到“事实与价值融合”的风险，这“发生在高峰体验之中和自我实现的人身上”②，因为，在高峰体验中，“‘是’与‘应该’相互融合了”③。然而，在面对实现意义与实现价值时，人之为人意味着面对着要实现的意义和价值。它意味着处于现实与要 52
实现的理想之间所建立的紧张这个极域之中。人靠理想与价值而活着。人类存在只有按照自我超越而活，它才是可靠的。

人最初对意义与价值的天生关注受到了盛行的主观主义和相对主义的威胁。这两者有侵蚀理想主义与热情的倾向。

---

① Viktor E. Frankl, *Psychotherapy and Existentialism: Selected Papers on Logotherapy*, Washington Square Press, New York, 1967.

② Abraham H. Maslow, *Eupsychian Management: A Journal*, R. Irwin, Homewood, Illinois, 1965.

③ Abraham H. Maslow, “Lessons from the Peak-Experiences,” *Journal of Humanistic Psychology* 2: 9, 1962.

请各位注意如下引自一位美国心理学家的例子："当查尔斯得到来自诸如牙医或者内科医生这样的专业人员的服务账单时，他就……特别'愤怒'，就像他所陈述的，他或者付一部分款，或者分文不付……我个人对债务的态度是完全不同的，我非常重视及时付清账单。在我这种情况下，我并没有讨论我自己的价值观，而是把注意力集中在他行为的心理动力上，因为……我对于及时付账的强迫性需要是被神经症性地激发出来的……任何情况下我都不会有意识地尝试指导或者劝说患者接受我的价值观，因为我确信价值观是……相对的……而不是……绝对的。"①

我认为付账单可以具有意义，不管一个人是否喜欢，也不管它是否可能具有潜意识的意义。戈登・W・奥尔波特曾肯定地说："弗洛伊德正是专长于那些不能从其表面价值理解的动机方面的专家。"② 这样的动机存在着，这个事实当然并不能改变如下事实：总的来说，动机可以从其表面价值理解。而且，如果这一点被否认，那么，在这个否认背后的潜意识的与隐藏的动机会是什么呢？

53 让我们来看看尤利乌斯・霍伊舍尔（Julius Heuscher）博士就一位著名的弗洛伊德学派精神分析师专门研究歌德（Goethe）的两卷本著作所写的一篇评论。这篇书评③写道，"在 1 538 页"，作者"向我们描绘了一位带躁郁症、偏执狂和癫痫样障碍、同性恋、乱伦、窥阴癖、露阴癖、恋物癖、阳痿、自恋、强迫性神经症、癔症、夸大狂等等特征的天才。……他似乎差不多专门聚焦在构成……这个艺术作品的基础的本能动力上。我们被引导着去相信

---

① James S. Simkin, in Charlotte Bühler, *Values in Psychotherapy*, Free Press of Glencoe, New York, 1962.

② Gordon W. Allport, *Personality and Social Encounter*, Beacon Press, Boston, 1960.

③ Julius Heuscher, "Book Review," *Journal of Existentialism* 5: 229, 1964.

［歌德的作品］就只是前性器期固着的结果。［他的］努力目标并不是理想、不是美好、不是价值，而是克服令人尴尬的早泄问题……这些卷本再次向我们表明”，“［精神分析的］基本主张并没有改变”。

我们现在可以领会当威廉·欧文·汤普森（William Irwin Thompson）提出如下问题时是多么正确：“如果我们文化中大多数受过教育的人继续把天才看作是伪装性反常，如果他们继续认为所有的价值观都是似是而非的虚构，这些虚构都是集体人的规范，却不是更为了解的聪明科学家的规范，那么，我们怎么会担心，我们的大量文化是不是不在乎价值，是不是迷失在肆意的消费、罪恶与不道德之中？”①

这种状况造成危害不足为奇。最近劳伦斯·约翰·哈特瑞（Lawrence John Hatterer）② 才指出：“许多艺术家被如下的解释激
怒，愤而离开精神病医生的办公室：他写作，是因为他是一个不道 54
义的收藏者或者施虐受虐狂；他表演，是因为他是露阴癖者；他跳舞，是因为他想性诱惑观众；他绘画，是想通过自由的涂抹克服严格的排便训练。”

弗洛伊德曾评论说，有时雪茄可能就只是雪茄而已，他是多么明智而谨慎。或者，这个评论本身恰恰就是防御机制，恰恰是合理化他自己抽雪茄行为的方法？这就是无限制退行（*regressus in infinitum*）。毕竟我们并不赞同“弗洛伊德对于‘被决定的’与‘被

---

① William Irwin Thompson，“Anthropology and the Study of Values，” *Main Currents in Modern Thought* 19：37，1962.

② Lawrence John Hatterer，“Work Identity：A New Psychotherapeutic Dimension，” Annual Meeting，American Psychiatric Association；引自 *Psychiatric Spectator*，Vol. II，7：12，1965。

激发的’一致的信心”（引自马斯洛[1]），他指责弗洛伊德已经“犯了把‘被决定的’与‘潜意识中被激发的’看成一样的错误，就好像不存在决定行为的其他因素”。

根据定义，意义与价值不过是反向形成和防御机制。就我自己来说，我不愿意为了我的反向形成而活，更不必说为了我的防御机制而死。

但是，意义与价值，就像有人认为的那样，是相对的和主观的吗？在某种意义上，它们是，不过，是在相对主义与主观主义构想它们的那个不同意义上。意义是相对的，因为它与卷入特定境遇中的特定的人有关。可以说，意义首先就因人而异，其次每天都有差别，实际上时时都不同。

当然，我更愿意谈及意义的独特性，而不是相对性。不过，独特性不仅是境遇的特性，而且甚至是作为一个整体的生命的特性，因为生命是一连串的独特境遇。因此，从本质与存在两方面来说，人都是独特的。归根结底，没有人可以被取代——凭借着每个人的
55 本质的独特性。而且每个人的生命都是独特的，因为没有人可以重复生命——凭借着他的存在的独特性。他的生命迟早都会永远结束，与实现意义的所有独特的机会一起结束。

我发现再没有什么话能比两千年前伟大的犹太圣人希勒尔（Hillel）的话更加准确而简洁地表达这一点。他说：“如果我不做——那谁会做？如果我不立刻做——那我应该什么时候做？但是，如果我仅仅为了自己的缘故而去做——那我算什么？”如果我不做……这在我看来似乎指的是我自己的独特性。如果我不立刻做……指的是给我机会实现意义的这个逝去的瞬间的独特性。而如

① Abraham H. Maslow, *Motivation and Personality*, Harper & Brothers, New York, 1954, p. 294.

果我仅仅为了自己的缘故而去做……这一点正是人类存在的自我超越特性。这个问题——如果我仅仅为了自己的缘故而去做，那我算什么——需要这个答案：绝不是一个真正的人。因为，超越自身，设法获得自身以外的事物，是人类存在的独特成分。用奥古斯丁的话来阐述，人的心是不安宁的，除非他发现并且实现了生命中的意义与目的。这段陈述，正如我们会在下一章看到的，较好地概括了关于那种我称为心灵性神经症的理论与治疗。

不过，让我们回到意义的独特性。由我所说的话可以得出结论：不存在诸如生命的普遍意义这样的事物，而只有个体境遇的独特意义。然而，我们不要忘记，在这些境遇中，也存在着有共同之处的境遇，因而，也存在着为整个社会甚至整个历史中的人类所共有的意义。这些意义涉及的是人类境况，而不是与独特的境遇相关。而且这些意义是用价值来理解的东西。因此，可以把价值定义 56
为那些普遍意义，它在社会乃至人类不得不面对的特有境遇中得以具体化。

拥有价值缓解了人类对意义的寻求，因为，至少在特有境遇中，他免于作决定。但可惜的是，他也不得不为这个缓解付出代价，因为，与属于独特境遇的独特意义相比，很可能两种价值会相互冲突。而价值冲突以价值观冲突的形式反映在人类心灵之中，就这点来说，它在心灵性神经症的形成中起重要作用。

让我们想象，独特的意义是点，而价值是圆。两种价值可以相互重叠，而独特的意义不会发生这种情况，这是可以理解的（见图5）。但是，我们必须问自己，两种价值是不是真的会相互冲突，换句话说，把它们类比为二维的圆是不是恰当。把价值比喻为三维的球体难道不是更恰当？两个三维的球体从三维空间向下投射到二维平面上，很可能产生两个相互重叠的二维的圆，即使球体本身甚至都没有相互接触（见图 6）。两种价值相互冲突的印象是如下事实的结果：整个维度被忽视了。那么，这个维度是什么呢？它就是价值
57 的层级次序。根据马克斯·舍勒，价值判断隐含的意思是更喜欢这个价值而不是另一个。这就是他对于价值判断过程的深刻的现象学分析的最终结果。价值的层级与价值本身一起被体验到。换言之，对于一个价值的体验包括对于它的层级高于另一个价值的体验。没有价值冲突的容身之地。

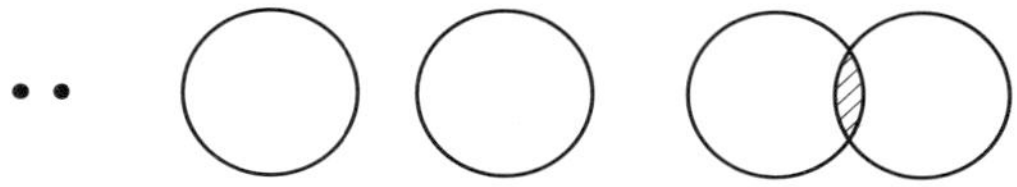

图 5

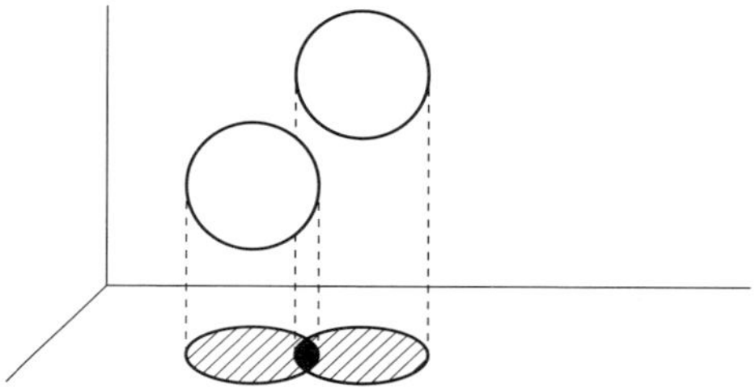

图 6

然而，对于价值层级次序的体验并没有使人免于作决定。人受驱力推动。不过，他也受价值拉动。他总是可以自由地接受或者拒绝境遇给他提供的价值。价值的层级次序也是如此，它是由道德与伦理的传统和标准传递的。它们仍然不得不经受一个检验，即人的良心的检验——除非他拒绝服从他的良心并且压制它的声音。

既然我们已经探讨了意义是相对的这个问题，那么让我们继续它们是不是主观的这个问题。归根结底意义难道不就是解释的问题吗？而解释难道不总是意味着决定吗？难道不存在允许有各种解释
58 而一个人必须在其中作出选择的境遇吗？我个人的经验认为，存在

这样的境遇。[①]

在美国加入第二次世界大战前不久，美国驻维也纳的大使馆请我去那里领取移民美国的签证。那时，我正独自一人与我年迈的父母一起居住在维也纳。当然，他们希望我领取签证然后赶紧前往那个国家。但是，在最后时刻，我开始犹豫，因为我问自己："我真的该去吗？我可以这样做吗？"因为，我突然想到对于我父母来说会发生什么，也就是说，由于那时的情形，几周之内他们就会被送入集中营，或者更确切地说，灭顶之灾的集中营。我真的该让他们在维也纳听天由命？直到那时，我都还能够保护他们免于这样的命运，因为我是犹太医院神经科主任。但是，如果我离开，形势就会立刻改变。当我在思考我真正的责任是什么时，我觉得这就是那样一种情境：你身处其中就会想要通常被称为天意的东西。之后我回家了，而当我到家后，我看到桌子上有一块大理石。我就询问我父亲，它怎么会在那里。他说："哦，维克多，我今天早上在原来犹太教堂（教堂已经被纳粹党烧毁了）所在的地方捡到的。""那你为什么带回来？"我问他。"因为它是两块刻有十诫的台子的一部分。"他给我看这块大理石上雕刻的一个镀金的希伯来字母。"我还可以告诉你更多，"他继续说，"如果你感兴趣的话；这个希伯来字母只
是十诫之一的缩写。"我急切地问他："哪一诫？"而他的回答是： 59
"当孝敬父母，使你的日子在耶和华你神所赐你的地上得以长久。"我立刻决定留在这个国家，和我的父母一起，而任由签证失效。

你完全有理由说，这是一个投射测验，我事先一定已经在内心深处作出了决定，只是把它投射到一块大理石的出现上。不过，如果我在这块大理石上只是看到了碳酸钙，这也会是投射测验的结

① Viktor E. Frankl, "Luncheon Address to the Third Annual Meeting of the Academy of Religion and Mental Health," *Journal of Existential Psychiatry* 4：27，1963.

果，更具体地说，是对于无意义感的表达，或者是对于那种我称之为存在空虚的内心空虚的表达。

因此，意义显然就只是我们投射到我们身边事物上的东西，这些事物本身是中性的。鉴于这种中性，现实很可能就只是我们把自己一厢情愿的想法投射其上的一块屏幕，或者说，一块罗夏墨迹。如果真是这样，那意义只不过是自我表达的手段，因此是极为主观的东西。①

然而，唯一主观的事物是我们看待现实的视角，而这种主观性丝毫没有减损现实本身的客观性。我在哈佛大学讨论会上为学生们即兴对这个现象作出了解释："就只是透过哈佛大学教堂这间报告厅的窗户往外看。你们每一个人都以不同的方式、从不同的视角看这座教堂，这取决于你的座椅的位置。如果有人声称他看到的教堂
60 与他的邻座完全一样，那我不得不说他们中的一位一定产生幻觉了。但是，视野的不同丝毫没有减损这座教堂的客观性和实际情形吧？当然没有。"

人类认知并没有万花筒的性质。如果你看过万花筒，那你看到的仅仅是万花筒里面的东西。另一方面，如果你透过望远镜来看，那你看到的是望远镜外面的东西。而如果你看世界，或者世界上的事物，那你看到的，并不只是视角。无论视角会是多么主观的，透过视角所看到的，都是客观的世界。事实上，"透过……所看到的"是对拉丁词 *perspectum* 的直译。

我并不反对用更为谨慎的术语"超越主观的"代替术语"客观

---

① 参见 Kai Nielsen, "Linguistic Philosophy and Beliefs," *Journal of Existentialism* 6：421，1966。他说："生命并不具有一个就在那里等着被发现的意义……但它具有我们赋予它的任何意义。"他依赖于艾耶尔（A. J. Ayer）所作的相似论述，即"Deistic Fallacies," *Polemic* 1：19，1946。

的”，例如，鲁道夫・阿勒斯[①]所使用的。这并没有什么区别。无论我们是谈及事物还是谈及意义，也没有什么区别。这两个都是“超越主观的”。每当我们谈及自我超越时，这种超越主观性实际上已经被预先假定了。人类正在超越他们自己而朝向意义，这些意义是他们自身以外的东西，不仅仅只是他们的自我的表达，不仅仅只是这些自我的投射。意义是被发现的，而不是被创造出来的。

这与让-保罗・萨特（Jean-Paul Sartre）所持的论点是相对立的，他认为，理想与价值都是人设计创造出来的。或者，如让-保罗・萨特所说，人创造出了他自己。这让我想起了一个魔术师的把戏。这位魔术师声称往空气中、往空间中扔一条绳子，没有任何东西来固定它，然而，他自称，一个男孩会爬上这条绳子。萨特难道不也是试图让我们相信，人把理想“投射”——这个词的字面意思是向前、向上扔——到虚无之中，然而，人却可以攀登上这一理想 61
的实现之途以及他的自我的完善之路？但是，如果目标极的客观性（the objectiveness of the objective pole）不被保持，而且意义的超越主观性不被那个不得不实现这个意义的人所体验，那么从心理健康和道德完整性来说人迫切需要的那个紧张极域就不能被建立。

实际上，这种超越主观性就是人所体验的事实，这一点从他谈及他的体验的形式上就是明显的。如果他的自我理解没有被解释的先入为主模式——甚至可以说教化——削弱，那他就会把意义称为发现的东西而不是赋予的东西。而试图以一种公正而实证的方式描述这样一种体验的现象学分析会向我们展现，实际上，意义是被发现的而不是被赋予的。如果真要是被赋予的，那我想说，它们也不是被以一种任意的方式赋予的，而是以一种答案被赋予的方式。也

① Rudolf Allers, “Ontoanalysis: A New Trend in Psychiatry,” *Proceedings of the American Catholic Philosophical Association*, p. 78, 1961.

就是说，每一个问题都有一个答案——那个正确的答案。每一个境遇都只有一个意义，而这就是它的真正意义。

一次，在美国讲学时，我请听众用印刷体字写上需要我回答的问题，然后交由一位神学家传递给我。这位神学家建议我跳过其中一个，因为，如他所说，它就是“一派胡言”。“某人想要知道，”他说，“在你的存在理论中你如何定义600。”当我阅读这个问题时，我看出了不同的意义：“在你的存在理论中你如何定义上帝?”印刷体字所写的“GOD”和“600”是难以区分的。嗯，这难道不是一个无心的投射测验？毕竟，神学家看成“600”，而神经病学家看成
62 “GOD”。[①] 但是，只有一个阅读这个问题的方式是正确的方式。只有一个阅读这个问题的方式是那个提出问题的人表达的意思的方式。由此，我们得出了意义是什么的定义。意义就是所具有的含义，无论它是由向我提出问题的人给出的，还是由也暗含问题并要求答案的处境给出的。我不能说“我的答案，不论对错”，就如美国人说的“我的国家，不论对错”。我必须努力发现我被问到的这个问题的真正意义。

诚然，人可以自由地回答生命向他提出的问题。但是，这种自由一定不能与任意性相混淆。必须从责任这个方面来解释它。人负责给出问题的正确答案，负责发现处境的真正意义。而且，意义是被发现的东西，而不是被赋予的东西，是被找到的，而不是被创造出来的。克伦博和马霍利克[②]指出，在处境中发现意义与格式塔知觉有关。这个假设受到了格式塔心理学家韦特海默（Wertheimer）

---

① 后来，我也有意使用它，把这个复印件作成幻灯片，然后把它展示给我在维也纳的美国学生们。信不信由你，9个学生看成“600”，另外9个学生看成“GOD”，还有4个学生在这两个解释方式之间不确定地摇摆。

② James C. Crumbaugh and Leonard T. Maholick, “The Case for Frankl's ‘Will to Meaning,’” *Journal of Existential Psychiatry* 4: 43, 1963.

的表述的支持："7 加 7 等于……这个情境是一个有空隙、有缺口的系统。以各种方式填补这一缺口是可能的。其中一个完成方式——14——以其在这个整体中的功能而契合这个情境，适合这个缺口，是这个系统、这个位置在结构上所需要的东西。对于这个情境来说它是适当的。其他完成方式，比如 15，就不适合。它们不是正确的方式。这里，我们就有了情境需要这类概念：被要求性。这样一个 63
次序的'要求'是客观的特性。"①

我已经说过，意义不能被任意地赋予，而必须被负责地发现。我还可能说，它必须被凭良心地寻求。事实上，人在他寻求意义的过程中受良心的指引。良心可以被定义为人发现处境的意义的直觉能力。因为这个意义是独特的东西，它并不适用一般规律，诸如良心这样的直觉能力是抓住意义格式塔的唯一工具。

良心除了是直觉的，还是创造性的。个体的良心一再命令他做与他所属的社会——比如说，他的部落——宣扬的东西相矛盾的事。假设这个部落由食人者组成；个体的创造性良心很可能发现，在一个特定的处境中，饶了敌人的命比杀了他更有意义。这样他的良心很可能发动一场革命，因为起初是独特意义的东西可能变成具有了普世价值——"不可杀人"。今日的独特意义是明日的普世价值。这就是宗教形成和价值演变的方式。

良心还具有找到与公认价值相矛盾的独特意义的力量。我刚才援引的戒律后面一条就是："不可奸淫。"在这方面所想到的就是一个和他的年轻妻子一起被关押在奥斯威辛的男人。在他获释后，他告诉我，他们到达那里，彼此被分开，他突然感到一种强烈的冲动恳求她活下来："不惜任何代价——你明白吧？不惜一切代价……" 64

① M. Wertheimer, "Some Problems in the Theory of Ethics," in *Documents of Gestalt Psychology*, edited by M. Henle, University of California Press, Berkeley, 1961.

她明白他的意思：她是一个美人，不久可能她就有机会通过在纳粹党卫军中卖淫来救自己的命。如果这样的情形会出现，可以说，她的丈夫想要提前给予她宽恕。在最后的时刻，良心迫使他、命令他特赦她不受“不可奸淫”这条戒律的约束。在这个特殊处境中——实际上是一个独特的处境——独特的意义是丢弃婚姻忠诚这个普世价值，是违反“十诫”中的一条戒律。当然，这是遵守“十诫”中的另一条戒律——“不可杀人”——的唯一方法。不给予她宽恕会使他对于她的死亡负有共同责任。

如今我们生活在传统瓦解与消亡的时代中。因而，现在不是通过发现独特意义创造出新价值，而是相反的情况。普世价值正在逐渐衰落。这就是为什么越来越多的人陷入了无目标感和空虚感之中，或者，正如我习惯称作的存在空虚之中。然而，即使所有的普世价值都消失了，生命仍然是有意义的，因为独特意义仍未受到传统丧失的影响。当然，如果人要在没有价值的时代中发现意义，那他不得不具备良心的完整能力。所以，理所当然地，在诸如我们的时代这样的时代中，也就是说，在存在空虚的时代中，教育的最重要任务并不是满足于传递传统与知识，而应该是改进使人能够发现独特意义的那种能力。如今教育不能够按照传统模式前进，而必须引出做独立而可靠的决定的能力。在“十诫”看起来失去其绝对有效性的时代中，人必须比以往任何时候更加要学会听从产生于一万
65 个独特处境的一万条戒律，他的生命由这些处境构成。而关于这些戒律，他求助于并且必须依赖于良心。生动活泼的良心也是唯一能使人抵抗存在空虚——墨守成规和极权主义（参见边码 83 页）——的影响的东西。

我们生活在许多方面都富裕的时代中。大众传播媒体以大量刺激对我们狂轰滥炸，而我们可以说是不得不对它们进行过滤以保护

我们自己不受它们的伤害。许多可能性提供给我们，我们不得不从中作出选择。简言之，我们不得不对于什么是重要的而什么是不重要的作出决定。

我们生活在口服避孕药的时代。前所未有的可能性提供给我们，如果我们不希望被淹没和溺死在滥交之中，那我们不得不诉诸选择。然而，选择是基于责任之上的，也就是说，在良心指导下作决定的基础上。

真正的良心与我所称的“超自负的伪道德”没有任何关系。它也不会被视为条件过程。但是，我们必须补充说明的是，它也“仅仅是”人类现象。良心是绝对的人类现象。它受人类境况的支配，因为人的有限性已铭刻其上。因为他寻找意义时不仅受良心的指引，而且有时也被它误导。如果他不是一个完美主义者，他就会接受良心的这种不可靠性。

诚然，人是自由而有责任的。但是他的自由是有限的。人类的自由并不是无限权力，这也适用于认知与良心。谁也不知道它是不是他所致力于的那个真正意义。甚至到临终他都不知道。*Ignoramus et ignorabimus*①——我们不知道，而且我们永远都不会知道——正如埃米尔·杜布瓦雷蒙曾经说的，尽管是在一个完全不同的心理物理学问题的背景中。 66

但是，如果人不与他自己的人性相矛盾，那他就必须无条件地服从他的良心，即使他意识到错误的可能性。我想说的是，错误的可能性并不免除他尝试的必要性。正如戈登·奥尔波特所说：“我

① 19世纪，德国生理学家杜布瓦雷蒙（Emil du Bois-Reymond，1818—1896）提出了心目中的“世界七大谜题”，认为其中一些是科学和哲学所无法解释的，如“物质与力的终极本质”、“运动的起源”、“基本感知的起源”等。基于此，他用一句拉丁文提出了著名的不可知论：*Ignoramus et ignorabimus*，即“我们不知道，而且我们永远都不会知道”。——译者注

们可以同时既半信半疑又全心全意。”①

我的良心犯错的可能性暗含着另一个人的良心正确的可能性。这需要谦卑与虚心。如果我要寻找意义，我就必须确定存在着意义。另一方面，如果我并不确定我也会找到它，那我必须容忍。这无论如何都不意味着任何一种信仰无差别论。容忍的意思并不是我共享另一个人的信仰。不过，它的确意味着我承认另一个人相信、服从他自己的良心的权利。

由此可见，心理治疗师一定不能把价值观强加给患者。必须把患者交给他自己的良心。如果问我，正如我被问了无数次，甚至在希特勒这样的例子中是不是也必须保持这种中立，我的回答是肯定的，因为我确信希特勒如果他不压制他内心里的良心之声，那他永远都不会成为他所成为的那种人。

在紧急状况中，心理治疗师不必坚持他的中立，这是不消说的。在面对自杀风险时，干预是完全合理的，因为只有错误的良心才会命令人去自杀。这个陈述与我的如下信念相似：只有错误的良
67 心才会命令人去杀人，或者——再一次提到希特勒——大屠杀。除了这个假设以外，希波克拉底誓言也会强制医生阻止患者自杀。每当我必须治疗想自杀的患者时，我本人都很乐于承担按照肯定生命的世界观来指导的责任。

然而，一般来说，心理治疗师不会把世界观强加给患者。意义治疗师也不例外。意义治疗师不会声称他有答案。不是意义治疗师，而是蛇（serpent），“对女人说……‘你们便如神能知道善恶’”。意义治疗师不会自称他知道何谓价值、何谓有意义、何谓明智。

---

① Gordon W. Allport, “Psychological Models for Guidance,” *Harvard Educational Review* 32: 373, 1962.

雷德利克（Redlich）和弗里德曼（Freedman）[①] 认为意义治疗是试图为患者的生命赋予意义。实际上，情况恰恰相反。比如说我，就不遗余力地表明观点：意义必须是被发现而不能被赋予的，尤其是就医生而言。[②] 患者必须自发地发现它。尽管我反复阐明这一点，但意义治疗仍一再地被指责是“赋予意义与目的”。没有人指责弗洛伊德的精神分析——它关注患者的性生活——为他提供女孩。没有人指责阿德勒的心理学——它关注患者的社会生活——为
他提供工作。那么，意义治疗——它关注患者的存在渴望与挫 68
败——却被指责“赋予意义”，这是为什么呢？

甚至发现意义是限制在对心灵性神经症领域的关注，心灵性神经症仅占我们的诊所与办公室的案例材料的20%左右，面对这一事实，对意义治疗的这种指责甚至更加让人不能理解。而矛盾意向技术几乎根本就不涉及意义问题和价值冲突，这个技术是意义治疗的一个方面，是为治疗心因性神经症而发展出来的。再次引用《国际精神分析杂志》，并不是意义治疗医生，而是精神分析医生，“首先是道德家”，因为“他在道德与伦理行为方面影响人们”[③]。我个人认为，在利己主义和利他主义之间的道德二分法是过时的。我确信，利己主义者只能从考虑他人中获益，反过来说，利他主义者——正是为了他人——必然总是爱护他自己。我确信，道德说教式方法最终要让位于本体论方法。这样的方法会从促进或者阻碍意义实现的方面来定义好与坏，而不管这是某人自己的意义还是其他

---

① F. C. Redlich and Daniel X. Freedman, *The Theory and Practice of Psychiatry*, Basic Books, New York, 1966.

② Viktor E. Frankl, “The Concept of Man in Logotherapy,” *Journal of Existentialism* 6: 53, 1965; Viktor E. Frankl, “Logotherapy and Existential Analysis—A Review,” *American Journal of Psychotherapy* 20: 252, 1966.

③ F. Gordon Pleune, “All Dis-Ease Is Not Disease: A Consideration of Psycho-Analysis, Psychotherapy, and Psycho-Social Engineering,” *International Journal of Psycho-Analysis* 46: 358, 1965; 引自 *Digest of Neurology and Psychiatry* 34: 148, 1966。

人的意义。

的确，我们意义治疗师们确信，而且如果有必要的话，还会劝说我们的患者，存在着要实现的意义。但是，我们并不自称知道意义是什么。读者可能注意到了，我们已经到达了意义治疗的第三原则——跟意志自由和意义意志一起的：生命意义。换句话说，我们所持的论点是，存在着生命意义——人一直都在寻求的一个意义
69 ——同时，人具有着手实现这个意义的自由。

不过，我们理所当然地认为，在任何情况下生命始终都是有意义的，理由何在？我的理由并不是道德说教的，而仅仅是经验的——在这个词的最广泛意义上。我们只需要回到普通人实际体验意义和价值并将这一点转变为科学语言的方式上。我想说的是，这样的任务恰恰是所谓的现象学所进行的工作。反之，把我们如此学习到的东西重新翻译为朴实的语言，以便我们可以教会我们的患者也可以发现生命中的意义，这是意义治疗的任务。不能认为这项事业是在与我们的患者进行明确的哲学探讨上完成的。有其他的渠道让他们了解生命是无条件地有意义。我记得很清楚，在我受新奥尔良的一所大学邀请而举办了一场公开讲座之后，有一个人走近我，他只是想跟我握握手并对我表示感谢。他真的是一个“普通人”，因为他一名建筑工人，曾坐了 11 年牢，而内心中支撑他的唯一的东西就是他在监狱图书馆中发现的一本书《人对意义的寻求》。所以，意义治疗并不仅仅只是知识问题（intellectual matter）。

意义治疗师既不是道德家，也不是知识分子。他的工作基于经验的，即现象学的分析。对于普通人对评价过程的日程体验的现象学分析表明，人可以发现生命中的意义，或可以通过创作作品、做事情或通过体验真善美、体验自然与文化，或者最后但同样重要的，通过与另一个因其独特性而独一无二的人会心——换言之，通

过爱他。然而，那些被剥夺了在行为中、作品中或者爱中发现意义的机会的人，正是通过他们所选择的面对这种困境的态度，克服了困境并超越了自身，让对意义的最崇高赏识保留在了他们手中。重要的是他们所采取的态度——使得他们的困境变成成就、胜利和英雄主义的态度。

如果有人在这方面更喜欢谈价值的话，那他可以分辨三组主要价值。我把它们分类为创造的价值（creative values）、体验的价值（experiential values）和态度的价值（attitudinal values）。这个序列反映了人可以发现生命中的意义的三个主要途径。第一个是从他的创造来说他所给予这个世界的；第二个是从会心和体验来说他从这个世界所获取的；第三个则是，假如他必须面对他无法改变的命运，他对于困境所采取的态度。这就是为什么总是具有意义，因为，甚至被剥夺了创造的价值与体验的价值的人都仍然面临实现意义的挑战，也就是说，以受苦的直接方式面临权利中所固有的意义的挑战。

我想引用厄尔·A·格罗尔曼拉比（Rabbi Earl A. Grollman）来作为例证，他曾经“接到一位将死于不治之症的女人的电话。‘我如何能应付死亡这个想法与现实？’她问”。拉比报告说：“我们在许多场合谈话，作为拉比，我介绍了在我们的信仰中找到的许多不朽概念。作为补充，我也提到了弗兰克尔博士的态度的价值概念。许多神学探讨没有给她留下什么印象，但是态度的价值激起了她的好奇——尤其是当她了解到这个概念的创立者是一位曾被囚禁在集中营的精神病医生时。这个人和他的学说引发了她的想象，因为他知道的不仅仅是受苦的理论应用。她当即下了决心，如果她不能避免无法逃避的苦难，那她会决定她用以对付疾病的方式。她成 71
了她周围那些人的中流砥柱，他们的心灵被痛苦撕裂。起初只是

‘虚张声势’，但是，随着时间的推移，行为被赋予目的。她向我透露：‘或许我的唯一不朽行为就在我面对这个苦难的方式之中。尽管我的痛苦有时是难以忍受的——我已经获得了我以前从来都不知道的内心平静与满足。’她死得有尊严，而且因为她不屈不挠的勇气而被我们社区所牢记。”

我并不想在此语境下详细描述意义治疗学与神学的关系①，这个主题预留给了本书的最后一章。我只想简单地说，态度的价值概念基本上都是站得住脚的，无论是否信奉生命的宗教哲学。态度的价值概念并不是源于道德的或者伦理的规范，而是源于对一个人评价他自己或者另一个人的行为时他身上所发生的进行的经验性和事实性描述。意义治疗基于对价值作为事实进行的陈述，而不是基于对事实作为价值进行的判断。事实上，普通人更看重以“不屈不挠的勇气”（引自格罗尔曼拉比）肩负起他的十字架的人，而不是仅仅是成功的人，即使他极其成功，无论是就商人的赚钱而言，还是就花花公子的求爱而言。

这里我要强调一下，我指的仅仅是“无法改变的命运”。接受可治愈的疾病、可手术治疗的癌症这样的苦难不会产生任何意义。
72 它会构成一种受虐狂而不是英雄主义。不过，我要用一个较具体的例子阐明这一点。我曾偶然看到一则广告，它以如下的诗歌表达（感谢我的朋友约瑟夫·B·法布里把它翻译成了英文）：

少废话，平静地忍受吧，
命运强加给你的东西；

---

① Orlo Strunk, “Religious Maturity and Viktor E. Frankl,” in *Mature Religion*, Abingdon Press, New York, 1965; Earl A. Grollman, “Viktor E. Frankl: A Bridge Between Psychiatry and Religion,” *Conservative Judaism* 19: 19, 1964; D. Swan Haworth, “Viktor Frankl,” *Judaism* 14: 351, 1965.

但是对臭虫却不能屈服：

向罗森斯坦寻求帮助吧！

理查德·特劳特曼（Richard Trautmann）[①] 在为我的德文版著作《同性恋患者》（*Homo patiens*）[②] 所撰写的书评中，说“苦难是必须想尽一切办法、不惜一切代价消除的东西”，是十分正确的。不过，应该假定，作为一名医学博士，他已经意识到，有时存在着人们要面对的无法避免的苦难，人是早晚都得死而且死之前还得受苦的存在——尽管有深受进步主义和科学主义推崇的科学进步。对这些有关存在的“无法更改的事实”视而不见，意味着强化我们的神经症患者逃避现实尽可能地避免苦难是可取的。但是，对于无法避免的苦难该怎么办呢？意义治疗告诉我们，痛苦只要能避免就一定要避免。但是，一旦痛苦的命运不能改变，就不仅必须要接受它，而且还可以把它变成有意义的东西，变成成就。我不知道这种方法是否真的“预示着一种朝向自我毁灭的顺从的退行倾向”，就像理查德·特劳特曼所声称的。

在某种意义上，态度的价值概念要比在受苦中发现意义那个概念更为广泛。受苦只是我所称的人类存在的“悲剧三个主题”的一个方面。这个三个主题由痛苦、罪疚和死亡所组成。没有一个人敢说他没有失败过，他没有受过苦，以及他不会死亡。 73

读者可能会注意到，这里引入了第三个“三个主题”。第一个三个主题由意志自由、意义意志和生命意义构成。生命意义由第二个三个主题——创造的、体验的和态度的价值——所组成。而态度

---

① Richard Trautmann, “Book Review,” *American Journal of Psychotherapy* 5: 821, 1952.

② Viktor E. Frankl, *Homo patiens*: *Versuch einer Pathodize*, Franz Deuticke, Wien, 1950.

的价值被细分为第三个三个主题——对痛苦、罪疚和死亡的有意义的态度。

谈到“悲剧的”三个主题，并不是误导读者以为意义治疗是悲观主义的，就像存在主义被认为的那样。相反，意义治疗是对待生命的乐观方法，因为它告诉我们，没有不能通过一个人所采取的态度而将其变成积极成就的悲惨消极方面。

不过，在一个人分别对痛苦和罪疚所选择的态度之间存在着差异。在痛苦情况下，一个人真正采取的是对其命运的态度。否则受苦不会产生意义。然而，在罪疚情况下，一个人所采取的态度是对其自我的态度。更重要的是，命运不能被改变；否则它就不会是命运。然而，人完全可以改变自已，否则他就不会是人。能够塑造以及重塑自已，是人的特权，是人类存在的组成部分。换句话说，感到罪疚是人的特权，克服罪疚是他的责任。正如《圣昆廷新闻》（*San Quentin News*）的主编在信中对我说的，人“可能会经历一种嬗变”（参见边码 77 页）。

对这样的一种嬗变，再没有人能提供比马克斯·舍勒在他的一
74 本书[①]中所提供的现象学分析更为深刻了，更具体地说，是在“悔改与重生”那一章中。正如马克斯·舍勒同样指出的，人有权利被认为是有罪的并且受到惩罚。一旦我们把人作为环境及其影响的受害者来探讨，那么我们不仅停止把他看作是人，而且还使他失去改变的意志。

让我们转向人类存在的悲剧三个主题的第三个方面，即生命的短暂。通常人们只看到短暂这个麦茬田，却忽略了过去这个满满的谷仓。在过去之中，任何东西都不会彻底丢失，相反，所有东西都

① Max Scheler, *On the Eternal in Man*, Harper & Brothers, New York, 1960.

被永久地保护和保存、安全地传送和存放。任何人、任何事都不能剥夺我们进入过去之中所营救出来的。我们的所作所为都是木已成舟的。这增加了人的应负责任。因为，面对他生命的短暂，他要负责利用稍纵即逝的机会实现潜能、实现价值，无论是创造的、体验的还是态度的。换句话说，人要为做什么、爱谁以及如何受苦负责。一旦他实现了价值，一旦他实现了意义，那他就永远地实现了它。

不过，现在让我们再回到普通人与商人，与成功地把他的困境变成成就的前者相比，前者评价后者的成功“在维度上”更低级。“维度”人类学，上一章已经对其作了概述，可以帮助我们理解所谓的更高的和更低的是什么意思。通常，日常生活中，人在一个维度之中生活、运动，这个维度的正极是成功而负极是挫败。这是睿智之人的维度，是这种聪明动物的维度，是智人（*Homo sapiens*）的维度。但是，智人，受苦之人，凭借着他的人性，能够超越他的苦难，对他的苦难采取一种态度，他在与前一个维度相垂直的维度 75
之中运动，这个维度的正极是实现而负极是绝望。人争取成功，但是，如果人需要这样做的话，成功与否并不取决于他的命运，这个命运并不保证是否成功。正是凭着他所选择的那个态度，甚至在没有希望的处境中人都能够发现并且实现意义。只有通过我们的维度取向，这个事实才是可以理解的，维度取向安排给态度的价值要比创造的和体验的价值具有更高的维度。态度的价值是最高的可能价值。受苦——当然，单单指不可避免的、逃避不了的苦难——的意义是最深层的可能意义。

罗尔夫·H·冯·埃卡茨伯格（Rolf H. Von Eckartsberg）在哈佛大学进行了一项研究，调查哈佛毕业生的生活适应情况。调查结果提供了统计学证据，在100名20年前毕业的受访者中，诉说

有危机的占了很大比例。他们认为生活平淡乏味、毫无意义，虽然
76 他们在其职业生涯中——律师、医生、外科医生以及同样重要的分析师——非常成功，我们可以设想，他们在婚姻生活中也都非常成功，但他们确实那样认为。他们陷入存在空虚之中。在图 7 中，他们位于“存在空虚”［e（xistential）v（acuum）］那个点，即在“成功”的下面、“绝望”的右边。诸如尽管成功却绝望这类现象只有按照两个不同维度才可以理解。

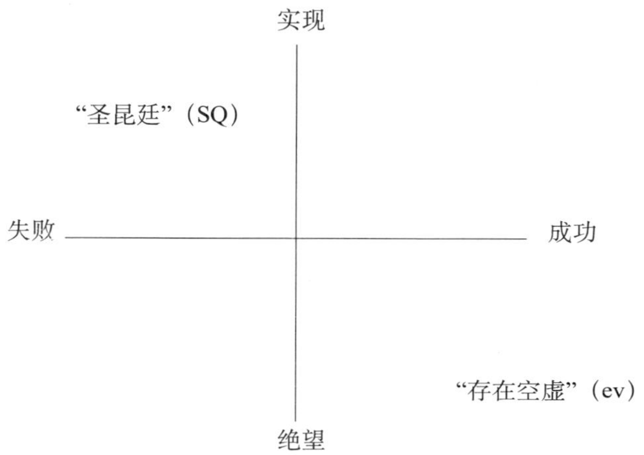

图 7

另一方面，还有一种现象，可以以尽管失败却实现了来描述。它位于左上角，用“SQ”来标记，即圣昆廷（San Quentin），因为我曾在这个监狱中遇到一个人，他证明了我的论点：直到生命的最后一刻，直到最后一口气，在死亡面前，都可以发现生命中的意义。

我受邀在加利福尼亚州立监狱会见《圣昆廷新闻》的主编。他自己就是圣昆廷的一名囚犯。他在《圣昆廷新闻》上发表了一篇对我的一本书的书评，之后，教育主管觉得应该让他对我作一个访问。这次访问会向圣昆廷的所有牢房的包括死囚在内的数千名囚犯

播出。我被要求专门对其中一位预计四天后就在毒气室处死的人说几句话。我能怎样应对这个安排呢？借助于在另一个地方人们不得不面对毒气室的个人经历，我表达了我的信念：要么生命是有意义的——如果是这样，那生命意义就不取决于它的持续时间——要么生命是无意义的，如果是这样，那延长生命就毫无意义。之后我谈到了托尔斯泰的小说《伊凡·伊里奇之死》。我希望以这种方式向这些囚犯们证明，超越自己——甚至在最后一刻——通过这样做，对荒废的生命追加意义。信不信由你，这个信息传递给了囚犯们。77
过了一些时候，我从加利福尼亚州立监狱的一位官员的来信中得知："《圣昆廷新闻》的那篇关于弗兰克尔博士到访圣昆廷的文章，在南伊利诺伊大学主办的国家刑事新闻记者大赛中获得了第一名。那篇文章获得来自150多所美国惩教机构的参赛者组成的代表团的最高荣誉。"不过，在我去信祝贺获奖者后，他给我回信说："我们的讨论的文字记录已经在该机构中广为流传"，"也有一些当地舆论的批评，比如说，'理论上是很好，但生命并不是那个样子的'"。然后他向我坦言："我打算从我们目前的处境、我们眼下的困境写一篇社论，证明生命实际上就是那个样子的，我还会向他们展现我们监狱的确切情况，在那里，人能够从绝望和无用的深渊中为自己塑造一种有意义的重要生活体验。他们同样不会相信，这些环境中的人有可能经历把绝望化为胜利的嬗变。我会努力向他们证明，这不仅是可能的，而且是必要的。"

让我们从圣昆廷和哈佛汲取经验教训。被判无期徒刑或者等着死在毒气室的人们可能会"胜利"，而冯·埃卡茨伯格教授随访的成功人士却陷入"绝望"。根据维度人类学和维度本体论，绝望可以兼容成功——正如意义实现可以兼容垂死与受苦。

当然，一旦我们把这个实现从它自己的维度投射到比其更低的

维度，比如说，商人或者花花公子的维度，那么对他们来说，成功
78 是有价值的东西，一旦我们把尽管——不，是因为——受苦但意义实现投射到更低的维度，那么它一定会变成可作多种解释的——根据维度人类学和维度本体论的第二个定律——而且会与比如理查德·特劳特曼所说的“一种朝向自我毁灭的顺从的退行倾向”[①] 相混淆。

两位美国作者研究了集中营囚犯心理学。他们如何解释这些囚犯们不得不受的苦？在被投射到分析和动力心理主义维度之后，这种受苦的意义是被如何描述的？“这些囚犯，”其中一位作者声称，“退行到自恋状态。强加的折磨——你期望囚犯们遭受折磨具有什么样的意义？听好了——具有潜意识的阉割意义。囚犯们通过受虐或者施虐和幼稚行为保护自己。”此外，“纳粹迫害幸存者们压抑了他们的愤怒，这个愤怒是对——你期望他们压抑了对谁的愤怒？——他们被屠杀的父母的愤怒。”而且，“幸存者们努力避免攻击，这个攻击是对——对谁的？——他们活着的孩子们的。”

即使我们理所当然地认为这些案例材料是有代表性的，但是，试图按照纯粹的分析和动力解释来理解受苦的意义，很显然并没有理解。[②] 法兰克福大学精神病学系主任于尔格·楚特（Jürg Zutt）
79 曾指出，关于纳粹迫害幸存者们的心理学领域的研究并不可靠，因为它局限于选定的被试组。[③] 而且，在任何给定案例所提供的材料中，只有那些适合分析动力模式的方面才会被选择。至于我的书

---

① Richard Trautmann, “Book Review,” *American Journal of Psychotherapy* 5: 821, 1952.

② “试图以心理动力的术语来解释那些受到极大压力而发生的人格改变，”F. 霍金（F. Hocking）说：“就是在损害弗洛伊德为理解人类行为而做出的独特贡献。”（F. Hocking, “Extreme Environmental Stress and Its Significance for Psychopathology,” *American Journal of Psychotherapy* 24: 4, 1970.）

③ Jürg Zutt, “Book Review,” *Jahrbuch für Psychologie, Psychotherapie und medizinische Anthropologie* 13: 362, 1965.

《人对意义的寻求》中的那个“案例”，吸引分析动力取向评论家注意的唯一之处就是，就像他所认为的，囚犯们退行到他们的力比多发展的尿道阶段。他发现值得一提的就这一点。

最后，让我们听听比精神分析理论家们更了解情况的一个人所说的，他还是小孩子的时候就被关押在奥斯威辛，离开那里时仍然还是小孩子，即耶胡达·培根（Yehuda Bacon），以色列杰出的艺术家之一。他曾发表了对于他从集中营获释之后最初阶段里的经历的如下描写：“我记得战后最初印象之一——我看到一场葬礼，有一口巨大的棺材，还有音乐，我开始大笑：‘他们是不是疯了，对一具尸体如此小题大做？’如果我去听音乐会或者去看戏，我就会估计用毒气毒死那样规模的人群要花多长时间，会留下多少件衣服、多少颗金牙，他们会产生多少袋头发。”到这时，耶胡达还在遭受苦难的折磨。那么，它的意义是什么？“作为一个孩子，我想：‘我会告诉他们我所看到的，希望人们会变得更好。’但是，人们并没有改变，甚至都不想了解。到很多年以后，我才真正理解了受苦的意义。如果它使你变得更好，它就会具有意义。”

第二部分

意义治疗学的应用

第四章
存在空虚：精神病学的挑战

在探讨了意义之后，现在我们转向那些遭受着无意义和空虚的 83
折磨的人。越来越多的患者主诉他们所谓的“内心空虚”，而这就是我为什么把这种情况称为“存在空虚”。与马斯洛所恰如其分地描述的高峰体验相对比，我们可以把这种存在空虚称为“深渊体验”。

存在空虚的病因在我看来是如下事实的结果。第一，与动物不同，没有驱力和本能告诉人必须做什么。第二，与以前的时代不同，没有习俗、传统和价值观告诉他应该做什么，而且，他甚至常常不知道他实际上想要做什么。相反，他想要做其他人做的事，或者他做其他人希望他做的事。也就是说，他成了墨守成规和极权主义的牺牲品，第一种人和第二种人分别代表了西方人和东方人。

存在空虚是一种既不断增加又不断蔓延的现象。如今连弗洛伊德学派的精神分析师们都承认，就像最近在联邦德国举办的一场国际会议上的情况一样，越来越多的患者遭受着生命缺乏内容与目的
的折磨。他们甚至还承认，这种状况导致了许多“无止境的分析”， 84
因为长椅上的治疗实际上已经成为了唯一的生活内容。当然，弗洛伊德学派的精神分析师们并没有使用我十多年前所创造的“存在空虚”这个意义治疗的术语；他们也不使用意义治疗技术来处理这种

现象。不过，他们的确承认它的存在。

存在空虚不仅日益增加，而且还日益蔓延。例如，捷克斯洛伐克的一位精神病医生曾在一篇关于存在挫败的论文[1]中指出，存在空虚也在一些社会主义国家中显现出影响。

那么，我们应该如何处理存在空虚呢？有人会认为，我们必须信奉一种健全的人生哲学，以便向所有人证明生命真正具有意义。这个断言的基础是态度的价值概念，对于这个概念，我们会在最后一章详细说明，我们还会指出，传统的衰落不仅影响普世价值，而且也影响独特意义。

但是，哲学已经遭到了西格蒙德・弗洛伊德的蔑视，而且还被他看成只不过是被压抑的性欲的升华的最体面形式之一。[2] 我个人认为，哲学并不是纯粹的性欲的升华，相反，性恰恰经常充当对于那些困扰人的哲学与存在问题的低成本逃避。

你可能在一本美国杂志上读到过如下陈述："可以肯定地说，在世界历史中，没有哪一个国家能像当今的美国这样肉欲横行。"
85 不可思议的是，这段陈述引自《时尚先生》(*Esquire*)。不管怎样，如果这是真的，那它就支持了如下假设：普通美国人比其他人还更加陷入了存在空虚之中，因而更热衷于性欲补偿。由此就可以理解，对我的维也纳大学医学院学生临时进行的统计调查表明，40%的奥地利、联邦德国和瑞士学生从他们自己的经历中知道了存在空虚。然而，在参加我以英文举办的讲座的那些美国学生中，比例不是40%而是81%。

存在挫败的主要表现形式——厌倦（boredom）和淡漠（apa-

① S. Kratochvil, "K psychoterapii existencialni frustrace," *Československa psychiatria* 57: 186, 1961, and "K problemu existencialni frustrace," *Československa psychiatria* 62: 322, 1966.

② Ludwig Binswanger, *Erinnerungen an Sigmund Freud*, Francke, Bern, 1956.

thy）——不仅成了教育的挑战，也是精神病学的挑战。我们已经说过，在存在空虚的时代中，教育一定不能局限和满足于传递传统与知识，相反，它必须改进人发现那些独特意义的能力，那些意义并不受普世价值瓦解的影响。人发现隐藏在独特处境中的意义的这种能力就是良心。因此，教育必须使人具备发现意义的方法。教育反而是常常加强存在空虚。学生们的空虚感和无意义感被呈现给他们科学发现的方法——更确切地说，还原论方法——加强了。学生们接触到的是人的机械论再加上相对论的人生哲学方面的教导。

研究人的还原论方法倾向于把他物化，也就是说，把人看成一个纯粹的物品（mere *res*），即一个东西。然而，引用威廉·欧文·汤普森的话①：“人并不是像椅子或者桌子那样存在的物体；他们生存着，如果他们发现他们的生命被还原为仅仅是椅子和桌子那样的
存在，那他们就会自杀。”这绝不是夸大其词。当我在这个国家其 86
中一所主要的大学讲演时，教务长就我的论文发表了看法，他说，他可以提供给我一份完整的因为存在空虚明显自杀过或者至少尝试过自杀的学生名单。存在空虚已经是他所熟悉的一个现象，在他咨询实践中日复一日地遇到。

我还清楚记得，当我13岁还是一名初中生时，我接触到教育中的还原论时的感受。一次，我们的自然科学老师告诉我们，生命归根结底不过就是一个氧化过程，我一下跳了起来，说：“弗里茨（Fritz）教授，如果是这样的话，那么生命还有什么意义?”当然，在他的这个情况中，并没有真正地探讨还原论的例子，而讽刺的是，探讨了他所谓的氧化论实例。

在这个国家中，许多教育方面的领军人物已经关注学生中显而

① William Irwin Thompson，“Anthropology and the Study of Values，” *Main Currents in Modern Thought* 19：37，1962.

易见的厌倦和淡漠。例如，爱德华·D·埃迪（Edward D. Eddy）及其两位助手研究了美国的20所有代表性的高等院校，对几百名管理人员、教师和学生进行了访谈。在其书中，他得出如下结论："从加利福尼亚到新英格兰的几乎所有校园里，学生淡漠都是热点话题。在我们与教师和学生的讨论中，它是最常被提及的一个主题。"①

在与哈佛大学的哲学家休斯顿·C·史密斯教授进行题为"教
87 学中的价值维度"②的访谈中，史密斯教授问我，教授价值观是否可能。我回答说价值观不能被教授，价值观必须被经历。意义也不能被给予；教师所能给予学生的并不是意义，而是例子，他自己献身于研究、真理和科学事业的个人示例。之后史密斯教授想让我论述一下淡漠和厌倦，不过我又回到他的问题，问他：我们如何能够期望普通的美国学生发展出除了厌倦和淡漠以外的其他东西？厌倦如果不是无能力产生兴趣，那它还能是什么？淡漠如果不是无能力采取主动，那它还能是什么？但是，如果教育学生说，人就只是诸如伊底、自我和超我这些人格方面的相互冲突要求的战场，那学生如何能够采取主动？如果总是宣扬理想与价值观就只是反向形成和防御机制，那学生如何能够产生兴趣，他又如何能够关心理想与价值观？还原论就只会削弱和侵蚀年轻人的天生热情。美国年轻人的热情和理想主义简直是取之不尽、用之不竭的；否则我就无法理解为什么他们之中有那么多人都加入了和平工作队（Peace Corps）和为美国服务志愿队（VISTA）。

但是，我们应该如何处理一个特定的存在空虚案例——不是在

---

① Edward D. Eddy, *The College Influence on Student Character*, American Council on Education, Washington, D. C., 1959.

② 参见边码16页。

预防方面，而是在治疗方面？“处理”存在空虚意味着它就是一种治疗吗？它是一种疾病吗？我们可以接受西格蒙德·弗洛伊德在写给波拿巴公主（Princess Bonaparte）的一封信中所作的陈述，即“当一个人探询生命意义和价值时，他就患病了”[①] 吗？

实际上，把存在空虚误解为病理现象，是把它从精神空间投射
到心理平面的结果。根据维度人类学和维度本体论的第二定律，这 88
个程序一定会导致诊断的多种解释。存在绝望和情绪疾病之间的区别消失了，从而无法对心灵困扰和心理疾病作出区分。

存在空虚并不是神经症；或者说，如果它真是一种神经症的话，那它是一种社会引起的神经症，甚或是一种医源性神经症——由声称能治愈它的医生造成的一种神经症。医生对于患者面对死亡时对生命终极意义的关注常常敷衍搪塞，把“终极关注”视作阉割恐惧。对患者来说，知道他不必担心生命是否值得活这个问题，虽然意味着一种解脱，但可能只是面对他的俄狄浦斯情结尚未解决这个事实。当然，这样的解释会构成对存在绝望的合理化。（参见边码 125 页）

在这方面，我想要引证维也纳大学一位教授的例子，他因为怀疑生命意义而被送到我的科室。结果表明，他实际上患有内因性抑郁症，按照传统的欧洲精神病学来看，这是体因性的。但是，最显著的一点是，在抑郁阶段，这位患者并没有被他的怀疑所困扰，却只有在他健康的那段时间里被困扰。在抑郁阶段，他完全被疑病症所占据，根本无暇关注生命意义。这里我们所面对的这则案例中，存在绝望与情绪疾病是相互排斥的。因此，认为存在空虚“就只是”神经症的“另一种症状”几乎是没有道理的。

---

① Sigmund Freud, *Briefe 1873–1939*, S. Fischer-Verlag, Frankfurt am Main, 1960.

然而，尽管存在空虚并不必然是神经症的结果，但它很可能变
89 成神经症的原因。那么我们就讲到了与心因性神经症和体因性神经症相对的心灵性神经症。我们把心灵性神经症定义为由心灵问题、纯粹的超我与真正的良心之间的冲突——后者，如果必要的话，与前者相抵触、相对立——引起的神经症。然而，最后但同样重要的是，心灵性病因是由存在空虚、由存在挫败或者由意义意志的挫败形成的。

值得称赞的是，詹姆斯·C·克伦博研发了一个测验——《生命目的测验》（Purpose-in-Life，PIL），以对心灵性神经症和传统的神经症作出区分。他与伦纳德·T·马霍利克①一起发表了他所得到的结果，之后在美国心理学会年会上发表了扩充版。他的数据基于总共 1 151 个被试。克伦博得出结论："心灵性神经症脱离传统诊断范畴而存在，［而且不］同于传统诊断的综合征。［它代表了］一种新的临床综合征，在任何经典描述之下都不会被充分理解。本研究结果支持并且赞同弗兰克尔的心灵性神经症和存在空虚这些概念。在 PIL 和教育水平之间较低的相关意味着，一方面，有目的、有意义的生命并不限于那些有受教育机会的人，而另一方面，单单只有教育并不会确保能获得生命中的意义。"②

90 除了这个实验证据以外，有关心灵性神经症频率的统计学研究

---

① James C. Crumbaugh and Leonard T. Maholick, "An Experimental Study in Existentialism: The Psychometric Approach to Frankl's Concept of Noogenic Neurosis," *Journal of Clinical Psychology* 20: 200, 1964.

② James C. Crumbaugh, "The Purpose-in-Life Test as a Measure of Frankl's Noogenic Neurosis," delivered before Division 24, American Psychological Association, New York City, September 3, 1966。该论文更详细的版本发表于 1968 年（James C. Crumbaugh, "Cross-Validation of Purpose-in-Life Test Based on Frankl's Concepts," *Journal of Individual Psychology* 24: 74, 1968)。可申请邮寄该研究所使用的 PIL 的复印件，致函 the Psychology Service, Veterans Administration Hospital, Gulfport, Mississippi 39501。

也进行了。伦敦的沃纳（Werner）[①]、图宾根的兰根（Langen）和福尔哈德（Volhard）[②]、乌兹堡的普里尔（Prill）[③] 以及维也纳的尼鲍尔（Niebauer）[④] 都认为，所遇到的神经症中有 20%在本质与起源上都是心灵性的。

一旦存在空虚导致了心灵性神经症，不用说它的治疗就留给了医疗行业。在我的祖国以及许多国家中，心理治疗不允许任何非医学博士的人来执业。当然，这项法规也适用于意义治疗。另一方面，意义治疗的那些与治疗疾病——无论疾病是心灵性神经症、心因性神经症还是体因性神经症——无关的方面也可以为其他咨询行业使用，这是可以理解的。没有理由说临床心理学家、社会工作者、牧师、神父和拉比不应该为那些寻求生命意义或者怀疑生命意义的人——换言之，陷入存在空虚之中的人——提供建议和援助。考虑到这一点，1954 年成立的阿根廷存在意义治疗学会为精神病医生成立了一个部门，为其成员中不是医学博士的那些人成立了另 91
一个部门。

为生命意义而奋斗，或者与关于是否有生命意义的疑问作斗争，本身并不是病理现象。对于年轻人来说，他们的特权并不是理所当然地认为有生命意义，而是敢于质疑它。每当我们希望如果发生存在空虚能提供急救时，我们就应该从这个信念开始。没有必要因为存在绝望被认为是情绪疾病而为存在绝望感到羞愧，因为它并

---

① T. A. Werner, Opening paper read before the Symposium on Logotherapy, International Congress of Psychotherapy, Vienna, 1961.

② R. Volhard and D. Langen, "Mehrdimensionale Psychotherapie," *Zeitschrift für Psychotherapie* 3: 1, 1953.

③ H. J. Prill, "Organneurose und Konstitution bei chronish-funktionellen Unterleibsbeschwerden der Frau," *Zeitschrift für Psychotherapie* 5: 215, 1955.

④ K. Kocourek, E. Niebauer, and P. Polak, "Ergebnisse der Klinischen Anwendung der Logotherapie," in *Handbuch der Neurosenlehre und Psychotherapie*, Vol. 3, edited by V. E. Frankl, V. E. von Gebsattel, and J. H. Schultz, Urban & Schwarzenberg, Munich-Berlin, 1959.

不是神经症症状，而是人类的成就。最重要的是，它是理性的真挚和诚实的一种表现形式。

然而，如果年轻人承认他的特权并且质疑生命意义，那他必须要有耐心——有足够的耐心等待，直到他理解意义。

从和一位 25 岁患者的谈话录音中选取的如下记述展现了在这样的情况中，如何通过让患者客观地看待事件而可能带来解脱。他几年来都遭受着焦虑状态的折磨。过去的三年间，他都在接受精神分析治疗。此时他到维也纳综合医院的神经科就医，在我手下的一名医生带他来见我之后，他告诉我，生命似乎总是没有任何意义。他受着一个反复出现的梦的折磨，在梦中，对生命完全没有意义的这种体验显现出来。在这些梦中，他发现自己处于人群之中，他急切地向他们寻求他的问题的解决办法，寻求从这种处境中解脱出来。他请求他们让他摆脱焦虑，即对于他的生命是徒劳无益的焦虑。但是，他们就只是继续享受生活，享受美味，享受阳光，或者生活提供给他们的其他诸如此类的东西。在他对我描述了这个梦之
92 后，进行了如下对话：

弗兰克尔： 更确切地说，他们以完全不加思考的方式享受着生活？

患者： 是的！在我因为对生命意义的怀疑而陷入困境之时。

弗： 那你尝试着做什么事情来帮助自己？

患： 有时听听音乐可以让我缓解。毕竟，巴赫、莫扎特和海顿都是笃信宗教的人，而当我享受音乐时，我就享受着如下事实：至少，音乐的创作者们幸运地得以确信人类存在有着更深的甚至是终极的意义。

弗： 真的吗，即使你自己并不相信这样的意义，你至少还相信这些伟大的信仰者？

患：你说得对，医生。

弗：嗯，一边是价值观和意义，另一边是人，在这两者间进行协调，这不就是宗教与伦理方面的伟大领袖们的使命吗？人由此被给予了机会接受出自有人性的天才之手的东西，无论是摩西还是耶稣，穆罕默德还是佛陀——他被给予机会接受来自于他的那些在任何情况下靠他自己都不能得到的东西。你看，在科学领域我们的才智可以做到。但是，关于我们的信念，我们有时必须依靠和信任其他比我们更伟大的人，并且采纳他们的愿景。人在追寻存在的终极意义时，基本上依靠情感资源，而不是纯粹的理智资源，正如我们所知道的；换句话说，他必须信任存在的终极意义。但更重要的是，这种信任必须以他对于某个人的信任作中介，正如我们现在所看到的。不过，我来问你一个问题：如果音乐触动到你的内心深处，让你感动到流泪，会 93
怎样呢？有时就是这样的，不是吗？——那么，这些时刻你是也怀疑你生命的意义，还是你根本不再怀疑它？

患：我当时根本就没想过这个问题。

弗：好。但是，恰恰是在这样的时刻，你直接感受到了极致之美，你已经发现了生命意义，在情感范畴发现了它，并没有在理智范畴追寻它，这难道不可想象吗？在这样的时刻，我们并没问自己生命是否有意义；不过，如果我们问的话，那我们不禁会从内心深处对存在大声喊出胜利的“是”。我们会感到，生命是有价值的，即使仅仅是为了这个独特的体验而度过。

患：我明白了，也很赞同；我的生命中当然有这样的时刻，我完全就不思考，而就在那个时候，意义就只是在那里。我甚至体验到与存在的一种结合，也可以说，这类似于伟大的神秘主义者们所报告的那种接近上帝的体验。

弗：不管怎样，我们可以说，你那时感觉到接近真理，我们当然有理由认为，真理也是上帝造物主的一个方面。从我的头向上看：在我的座椅后面的墙上，你会看到哈佛大学的盾形校徽，而且你会看到上面镌刻着 *veritas*，它的意思是真理；不过，正如你也会注意到的，这个单词被划分为三个音节，分布在三本书上，而且我们可以把这一点解释为，全部真理并不是一个普遍真理，因为它并不是每个人都可以理解的。人宁愿满足于获取全部真理的一个单一的
94 方面。对上帝来说更是如此，反过来真理只不过仅仅是上帝的一个方面。

患：但是，让我感兴趣的是，当我感到被空虚体验所困扰、没有任何价值与意义，甚至与艺术之美和科学真理相隔绝时，我应该怎么办。

弗：好的，我认为，你不应该只是依靠那些已经发现意义的伟大之人，而且还应该转向那些徒劳无功地追寻意义的人。你应该研读诸如法国存在主义者让-保罗·萨特、已故的阿尔贝·加缪（Albert Camus）这些哲学家的著作，他们似乎也遭受着你同样有的怀疑的折磨，不过这些怀疑却使他们进入哲学之中，尽管是虚无主义的哲学。在某种程度上你就把你的问题放在了学术水平之上，并且使你自己与这些问题之间保持了距离。这下就是按照这个或那个作者的特定卷本中某一页上的这一段或那一段来审视所困扰你的问题。你就会认可，遭受这些问题的折磨是有人性的甚至是诚实的事情，是成就而不是神经症症状。不管怎样，

你都会发现，没有什么可羞愧的，反而有可以自豪的，即理性的诚实。你会学会把你的问题理解为你所承认的人类境况（*la condition humaine*）的本质方面，而不是从症状方面解释它。你会把自己看作是一个无形社会的成员，这一社会是受苦之人的社会，它遭受着人类存在的基本无意义的糟糕体验之苦，与此同时又为这些人类古老问题的解决办法而奋斗。事实上，同样的苦痛和同样的奋斗使你和人性的最佳典范相结合。因此，一定要有耐心、富有勇 95
气：有耐心把这些未解决的问题暂时搁置，又有勇气不放弃为它们的最终解决而进行奋斗。

患：那么，医生，你认为我的情况并不是需要克服的神经症？

弗：就算是神经症，我认为它也仅仅是我们时代的集体神经症，只有在集体水平上才能治愈的神经症。以这种方式来看，你的苦难代表着折磨全人类的苦难，至少是最敏感和最开明的代表；你正承担着的是他们的苦难！

患：我并不在意苦难，但是它应该有意义。

弗：无论你是寻求意义，还是怀疑你的生命意义，都不是病理性的。它反而是年轻人的特权。真正年轻的人从来都不会认为他的生命意义是理所当然的，而是敢于怀疑它。我想说的是，你不必因为你的绝望而绝望。相反你应该把这种绝望看作是我所称的“意义意志”存在的证据。而在某种意义上，正是你的意义意志这个事实证明你对意义的信念是有道理的。或者，就像著名的奥地利小说家弗朗茨·韦尔弗（Franz Werfel）曾经说的：“口渴是水之存在的最确凿的证据。”他的意思是，要是世界上没有水，人如何能体验到口渴。也不要忘记布莱士·帕斯卡（Blaise Pascal）

的话："内心自有理由，非理性所能企及。"我想，你的内心一直都相信终极的存在理由（*raison d'être*）。有时我们内心的智慧被证明要比我们大脑的洞察更加深刻。而有时最理性的事情就是不要试图过分理性。

96 **患**：这恰恰就是我自己已经发现的：有时为了得以解脱，我只需要转向我所面对的当前任务。

我一开始就说，性愉悦可以起到逃避存在挫败的作用。在那些意义意志被挫败的情况中，快乐意志不仅是意义意志的派生物，而且也是它的替代物。权力意志服务于一个相类似的目的。只要一个人对意义实现的最初关注被挫败，他就会要么热衷于快乐，要么满足于权力。

权力意义所采取的形式之一就是我称之为的金钱意志（the will to money）。金钱意志占了职业过度（professional overactivity）的很大部分，职业过度与性欲过度（sexual overactivity）一起，起到逃避存在空虚意识的作用。

一旦金钱意志接手，追求意义就会被追求手段所取代。金钱，不再是手段，而变成了目标。它不再服务于目的。

那么，金钱的意义，或者就此而言，占有金钱的意义，是什么呢？占有金钱的那些人中的大多数实际上是被金钱所占有，被使金钱大量增加的欲望所困扰，由此废弃了金钱的意义。因为占有金钱应意味着一个人处于幸运的位置。一个人有实力不在意金钱，这些手段，而是追求那些目标本身——金钱应该服务于的那些目标。

一所美国大学的校长曾提供给我 9 000 美元以求在他那里作几个星期的教师。他无法理解我的谢绝。"你想要更多？"他问。"根本就不是。"我回答，"不过，如果我要考虑如何投资 9 000 美元，

我认为只有一个合算的方式投资它，那就是购买工作时间。但是， 97
我现在有工作时间，那我为什么要以 9 000 美元出售它呢？”

金钱本身并不是目标。如果美元在其他人手中可以服务于更多的意义与目的，那我一定不会把它放在我自己的钱包里。这与利他主义无关。利他主义对利己主义是一种过时的二者择其一。正如我已经说过的，研究价值的道德说教式方法必须要让位于本体论方法，采用本体论方法，是从促进或者阻碍意义实现的方面来定义好与坏的，而不管这是我自己的意义还是其他人的意义。

对于那些渴望有钱——就好像钱本身就是目标——的人来说，“时间就是金钱”。他们表现出对速度的需要。对他们来说，开快车本身变成了目标。这就是防御机制，试图逃避与存在空虚的对抗。一个人对目的地认识越少，他就会试图越快地走完道路。著名的维也纳喜剧演员夸尔廷格（Qualtinger），在扮演一个流氓角色时，坐在摩托车上演唱：“确实，我不知道我要到哪里去，但是，不管怎样，我会更快地到达那里。”

这就是我称之为的离心式闲暇（centrifugal leisure）的例子，这种闲暇与向心式闲暇（centripetal leisure）截然相反。如今离心式闲暇占主导地位。逃离自我使人可以避免与自我空虚的对抗。向心式闲暇使人可以解决问题——首先是面对问题。在职业过度与离心式闲暇之间摇摆不定的人没有时间完成他们的思考。当他们开始思考时，秘书走进来要签字，或者必须要接电话。之后会发生的，圣诗作者已经作了描述：“或者，晚上，我的心来告诉我。”（*Vel per noctem me monet cor meum*）他的心在晚上责备他。今天他就会说，夜晚时被压抑的存在问题就重新回来。良心使他想起了这些问
题。这就是我所称的心灵性失眠。患有这种失眠症的人常常吃安眠 98
药。的确，他们睡着了，但是他们也成了压抑的致病作用的牺牲

品。不是对性欲的生活现实的压抑，而是对存在的生活现实的压抑。

我们需要新的类型的闲暇，它使人可以沉思和冥想。为此，人需要孤独的勇气。

总之，存在空虚是一种悖论。只要我们开阔眼界，就会注意到，我们享受着我们的自由，但是我们仍然没有完全意识到我们的责任。如果我们意识到了，我们就会认识到，有大量的意义等着我们去实现，无论它是关于贫困的人民的，还是关于不发达的国家的。

当然，我们必须以详述我们关于人之统一性的概念而开始。关键的不仅是人之统一性，而且还有人类之统一性。

几千年前人类发展出了一神教（monotheism）。如今还应再迈进一步，我会称之为一人教（monanthropism）。不是对一个神的信仰，而是对整个人类的认识，对人类统一性的认识；按照这个统一性来看，我们的不同肤色会逐渐消失。①

① 我并不反对区别对待。当然，我并不赞成种族歧视，而是赞成根本的区别对待。也就是说，我赞成根据每一个个体独自代表的独特的“种族”来判断他。换言之，我赞成个人的区别对待，而不是种族歧视。

第五章 意义治疗技术

在心灵性神经症的案例上，意义治疗是一个特色疗法。换言 99
之，因为其生命表面的无意义而陷入存在绝望之中的患者，所需要的就是意义治疗，而不是心理治疗。不过，对于心因性神经症并非如此。此处，意义治疗并不反对心理治疗，相反，它本身就代表了其中一个心理治疗学派。

现在让我们探讨意义治疗可以如何应用于心因性案例，尽管对其临床应用的适当介绍必须基于案例材料，而且应该以医院环境（hospital setting）为先决条件。与通过案例呈现和讨论进行的培训相比，培训分析都是相对更加不太重要的。

意义治疗的临床应用实际上遵循其人类学含义。意义治疗技术被称作去反思（dereflection）和矛盾意向（paradoxical intention），两者都基于人类存在的两个本质特性，即人的自我超越能力（self-transcendence）和自我分离能力（self-detachment）。[①]

我在探讨意义治疗的动机理论时就指出，快乐的直接意向使自
己挫败。一个人越是以快乐为目标，他就越是会失掉这个目标。意 100

① Viktor E. Frankl, "Logotherapy and Existential Analysis—A Review," *American Journal of Psychotherapy* 20: 252, 1966.

义治疗中，在这方面我们就谈到了过度意向（hyperintention）。除了这种致病现象，我们还会观察到另一种，在意义治疗中被称为过度反思（hyperreflection）。过度反思意味着过分关注。

还有一种现象，可以理所当然地被称为大众过度反思。这在美国文化中尤其可以观察到，在这种文化中，许多人总是热衷于观察自己，根据所谓的他们行为的隐藏动机来分析自己，根据基于其上的潜意识心理动力学来解释行为。佐治亚大学的伊迪丝·魏斯科普夫-乔尔森（Edith Weisskopf-Joelson）教授发现，在美国学生中，自我解释和紧随其后的自我实现，被认为是最高价值——统计学上显著高于任何其他的。在这样的环境中长大的人，常常深受对于他们的过去有严重危害性影响的宿命论预期的困扰，所以他们实际上变得有心理问题。我的一本书的读者曾给我写过一封信，作了如下坦白：“我更多地遭受着我应该有情结这个想法的折磨，而不是实际上有这些情结。事实上，我不会把我的体验跟任何东西作交换，不会相信从这些体验中得到益处。”

如果对目标太多关注，那自主性和积极性就会受到妨碍。想想某个故事里讲述的那只蜈蚣，它的敌人问它以什么顺序移动它的腿。当那只蜈蚣注意这个问题时它根本就无法移动它的腿了。据说它死于饥饿。我们可以说它死于致命的过度反思吗？

在意义治疗中，过度反思由去反思来对抗。这个技术应用的那
101 些领域之一就是性神经症领域，无论是性冷淡还是性无能。性能力或者体验被压制到了它变成了注意的对象或者意向的对象的程度。[①]在性无能情况中，患者把性交作为要求于他的事情来对待。我在其

① 就性冷淡而言，推荐读者参看我在《人对意义的寻求》一书中收录的一个有启发性和说明性的案例，*Man's Search for Meaning: An Introduction to Logotherapy*，Washington Square Press，New York，1963，pp. 194f。

他地方已经对性无能的病因这个方面作了详尽阐述。① 已经发展出一个意义治疗技术来去除患者附加给性交的要求性质。② 意义治疗适用于性神经症的治疗，而不管他是否接受意义治疗理论。在维也纳综合医院神经科，我把接诊性神经症患者的门诊病房委托给一位医生，他是一名严格的弗洛伊德学派学者，但是，在这个特定环境中，只有短期程序可以进行，他使用了意义治疗技术而不是精神分析技术。

去反思是对性神经症进行意义治疗的一部分，而矛盾意向则适用于对强迫症和恐惧症患者的短程治疗。③

矛盾意向的意思是，鼓励患者去做他所担心之事或者希望他所 *102*
担心之事发生。为了理解这个技术的治疗效果，我们必须考察所谓的“预期焦虑”这种现象。我这么说的意思是，患者以对一个事情的重演的恐惧期望来对这事作出反应。然而，恐惧恰恰趋向于使其所恐惧的事情发生，预期焦虑也是如此。由此恶性循环形成了。症状引起恐惧症，而恐惧症激发症状。之后症状的重现又加强了恐惧症。患者被困在茧中，反馈机制建立了。见图 8。

我们怎样才能打破这个恶性循环呢？既可以由药物治疗，也可 *103*

---

① Viktor E. Frankl, *The Doctor and the Soul : From Psychotherapy to Logotherapy*, second, expanded edition, Alfred A. Knopf, New York, 1965, pp. 159 ff.

② 我已经在伦敦召开的国际心理治疗大会框架内的意义治疗研究会上的开篇论文（opening paper）中探讨过这个技术（Viktor E. Frankl, “Logotherapy and Existential Analysis—A Review,” *American Journal of Psychotherapy* 20：252，1966）。

③ 我早在 1939 年就在一篇论文（“Zur medikamentösen Unterstützung der Psychotherapie bei Neurosen,” *Schweizer Archiv für Neurologie und Psychiatrie* 43：26－31）中用德文描述了矛盾意向；1955 年我在《医生与心灵》［*The Doctor and the Soul : An Introduction to Logotherapy*（Alfred A. Knopf, New York）］一书中用英文描述了它，并在一篇论文（“Paradoxical Intention：A Logotherapeutic Technique,” *American Journal of Psychotherapy* 14：520，1960）中作了详尽阐述，这在我的另一本书（*Psychotherapy and Existentialism：Selected Papers on Logotherapy*, Washington Square Press, New York, 1967）中再版。

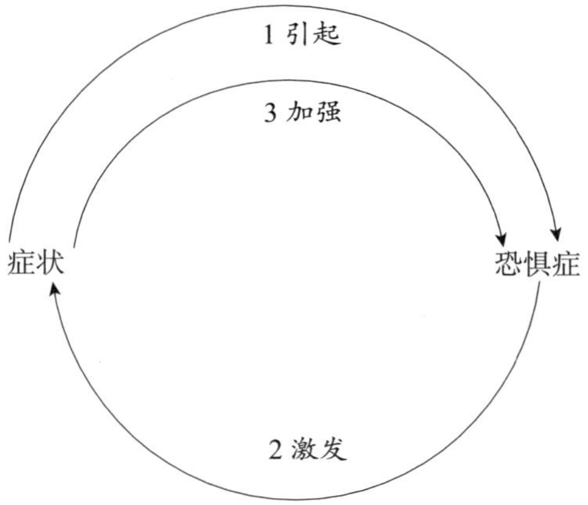

图 8

以由心理治疗，或者两者结合。在严重的案例中最后一种是必要的。[①]

在那些有广场恐惧症症状并且甲状腺功能亢进是其潜在因素的案例中[②]，或者，在那些可追溯到潜在性手足搐搦症的幽闭恐惧症案例中[③]，药物治疗是最好的开始方法。不过，一定要记得，这样的案例中所包含的机体因素仅仅提供了纯粹的焦虑倾向，而如果预期焦虑机制没有开始起作用，那充分发展的焦虑神经症也就不会发生。所以，要打破这个循环，不仅要在机体极点（organic pole）上，而且还必须在心理极点（psychic pole）上，破坏它。而心理极点上的破坏正是由矛盾意向完成的任务。

---

① 比如我在《医生与心灵》（*The Doctor and the Soul*，pp. 248 ff）一书中关于矛盾意向那一章所描述的那些案例。

② Viktor E. Frankl，"Psychische Symptome und neurotische Reaktionen bei Hyperthyreose，" *Medizinische Klinik* 51：1139，1956.

③ 这些疾病的生理起源，我自己在维也纳综合医院科室的研究中已经进行了论证。顺便说一下，欧洲大陆研制的第一个镇静剂——早在 1952 年由我研制的（Viktor E. Frankl，"Zur Behandlung der Angst，" *Wiener medizinische Wochenschrift* 102：535，1952）——甚至以一种特殊的方式适用于对这些幽闭恐惧症的药物治疗（Viktor E. Frankl，"Über somatogene Pseudoneurosen，" *Wiener Klinische Wochenschrift* 68：280，1956）。

那么，应用矛盾意向时会发生什么事呢？鼓励患者去做他所恐惧之事或者希望他所恐惧之事发生，就会引起意向逆转。致病恐惧被矛盾希望所取代。不过，出于同样的原因，风来自预期焦虑之帆。

我已提到意向逆转。那么，就患有恐惧症的人而言，意向是什么？意向就是避开那些引起焦虑的情境。在意义治疗中，我们谈及逃离恐惧。例如，在那些焦虑本身就是恐惧的对象——患者自己提
到的“恐惧之恐惧”——案例中，我们可以观察到这种情况。他对恐 104
惧的潜在影响是真的恐惧，无论恐惧的是昏厥、冠心病发作还是中风。

根据意义治疗学说，逃离恐惧是致病模式。[①] 更具体地说，它是恐惧症模式。但是，可以通过让他面对他开始恐惧的情境来避免恐惧症的发展。为了说明这一点，我想讲述我自己的一个经历。在多雾阴雨的天气中攀岩时，我看到一位登山同伴跌落下去。尽管在向下大约 600 英尺（约为 183 米）的地方才发现了他，但他在这次事故中幸免于难。两星期之后，我沿着同样的路线攀登那陡峭的山壁。当时天气也是多雾阴雨。然而，尽管我遭受着心理冲击，但我藐视这个情境，而这样做就克服了心理创伤。

除了逃离恐惧，还有另外两个致病模式，即争取快乐和对抗强迫。争取快乐和对快乐的过度意向——基于性神经症的主要因素之一——是相同的。对抗强迫是构成基于强迫神经症的致病模式。强迫神经症患者受到如下观念的折磨：他们可能会自杀甚或杀人，或者时常萦绕在他们心头的那些奇怪想法可能是即将发生的——如果不是现在就有的话——精神病的迹象。换言之，他们恐惧这些奇怪

① Viktor E. Frankl，“Angst und Zwang：Zur Kenntnis pathogener Reaktionsmuster，” *Acta Psychotherapeutica* 1：111，1953.

想法的潜在影响或者潜在原因。逃离恐惧的恐惧症模式与强迫的模式相似。强迫神经症患者也表现出恐惧。不过，他们的恐惧并不是“恐惧之恐惧”，而是对他们自己的恐惧，而他们的反应则是对抗强
105 迫。但是，患者越是对抗，他们的症状就变得越强烈。换言之，除了恐惧案例中因预期焦虑而形成的循环结构，我们在强迫神经症中还会遇到另一种反馈机制。压力引起反压，而反过来反压又使压力增加。如果可以成功地使患者停止与其强迫性作斗争——而这可以通过矛盾意向来完成——这些症状很快就会减少直到最后衰退。

探讨了理论之后，我们转向矛盾意向的实践。让我们选取一则案例报告。佐治亚大学心理学系的伊迪丝·魏斯科普夫-乔尔森[①]作了如下陈述：

“我使用‘矛盾意向’治疗我的许多患者，包括我自己，而且我发现它是非常有效的。例如，一位大学生主诉对要进行的口头报告感到焦虑——假定是星期五。我建议他拿来他的日程记录本，在这一周的每一页上都用大写字母写上单词‘ANXIETY’（焦虑）。在某种程度上，我要求他为焦虑的一周做好打算。这样做之后他感到轻松多了，因为这时他只是遭受焦虑的折磨，而不再遭受焦虑之焦虑的折磨。”

矛盾意向的另一个例子如下：

患者拒绝离开他的房子，因为每次他离开时都会恐惧发作：他会在大街上神志不清。每次他离开他的房子时，走几步之后就会折返回去。他逃避他的恐惧。他被送到了我在综合医院的科室。工作人员为他作了彻底体检，确信他的心脏没有任何问题。其中一位医
106 生告诉他这一点。然后他建议这位患者出去走到大街上，设法犯心

---

① Edith Weisskopf-Joelson, “The Present Crisis in Psychotherapy,” *The Journal of Psychology* 69: 107–115, 1968.

脏病。这位医生告诉他："告诉自己，昨天你犯了两次心脏病，而今天你还要犯三次——现在才一大早呢。告诉自己，你会有不错的冠状动脉脂肪，还会中风。"这位患者第一次能够从他的自缚之茧中破茧而出。

有证据表明，矛盾意向甚至在慢性病例中起作用。① 例如，在《德国心理治疗百科全书》（*German Encyclopaedia of Psychotherapy*）② 中，有一则关于 65 岁女人的案例研究，她患有洗手强迫症 60 年了。我的一位工作人员成功地把矛盾意向应用于这则案例。

西雅图华盛顿大学精神病学系的拉尔夫·G·维克托（Ralph G. Victor）和卡罗琳·M·克鲁格（Carolyn M. Krug）③，在《美国心理治疗杂志》上发表了案例报告，他们大胆地把矛盾意向技术应用于强迫性赌博。这位患者 36 岁，从 14 岁就开始赌博。在被指示每天都在指定三个小时内赌博之后，这位患者评论说，他"有着深刻的体会，在 20 年经历五位精神病医生之后，这是第一次采用富有创造性的方法来解决这个问题"。这位患者不知所措，在三个星期 107
内都身无分文。但是"治疗师建议他可以卖掉他的手表"。事实上，"在矛盾意向治疗之后，这位患者在 20 多年中第一次得到缓解"。

J. 勒昂布尔（J. Lehembre）分别在荷兰乌特勒支大学精神病学系和内梅亨大学小儿科系尝试给孩子们使用矛盾意向。他在大多数案例中都取得了成功。在《比利时神经学与精神病学报》（*Acta*

---

① H. O. Gerz, "The Treatment of the Phobic and the Obsessive-Compulsive Patient Using Paradoxical Intention Sec. Viktor E. Frankl," *Journal of Neuropsychiatry* 3: 375, 1962.

② K. Kocourek, E. Niebauer, and P. Polak, "Ergebnisse der Klinischen Anwendung der Logotherapie," in *Handbuch der Neurosenlehre und Psychotherapie*, edited by V. E. Frankl, V. E. von Gebsattel, and J H. Schultz, Urban & Schwarzenberg, Munich-Berlin, 1959, Vol. 3, p. 752.

③ Ralph G. Victor and Carolyn M. Krug, "Paradoxical Intention in the Treatment of Compulsive Gambling," *American Journal of Psychotherapy* 21: 808, 1967.

Neurologica et Psychiatrica Belgica)[1] 上所发表的报告中，他指出，仅仅在一则案例中观察到症状替代。

在苏联，根据 A. M. 斯维亚多斯奇（A. M. Swjadostsch）所作的陈述，矛盾意向被用在他的“医院成功地治疗了恐惧症和预期焦虑神经症”（引自私人通信）。

雅斯贝尔斯的名言“哲学中，新的总是反对真的”，可能也适用于心理治疗。矛盾意向总是不情愿地、不经意地存在着。联邦德国美因茨大学精神病学系主任向我报告了一个不情愿使用的例子。当时他还在读初中，他的班级将要表演一出戏。其中有一个人物是结巴，所以他们就让一个真的是结巴的学生来表演这个角色。然而，不久他就不得不放弃这个角色，因为，原来当他站在舞台上时，就完全不能结巴了。只好由另一个男孩替换了他。

关于不经意的使用，一个矛盾意向的例子如下：

108 我的一位美国学生，他要通过我的考试，此项考试要解释矛盾意向，他采取了自传式描述：“过去和其他人在一起时我的肚子就会咕咕叫。我越是努力让它不发生，它就越会咕咕叫。很快，我就理所当然地认为它会和我共度余生。就开始接受并忍受它——与其他人一起嘲笑它。不久它就消失了。”

这里，我想强调的是，我的学生对于症状采取了幽默态度。事实上，矛盾意向应尽可能始终以幽默的方式表达。幽默实际上的确是人类特有的现象。[2] 毕竟，没有动物会笑。更重要的是，幽默使

---

① J. Lehembre, “L'intention paradoxale, procédé de psychothérapie,” *Acta Neurologica et Psychiatrica Belgica* 64: 725, 1964.

② 谈到幽默，我用一个笑话来准确解释矛盾意向是有道理的：一个男孩上学迟到了，他告诉老师迟到的理由是，冰雪覆盖的大街太滑了，以至于他每向前走一步，都要向后滑两步。老师立刻反驳说：“不过，现在我识破了你的谎言。如果是真的，你就永远都不可能成功到达学校了。”对此，小男孩平静地答道：“为什么不能呢？我刚才就是转身向家走的。”这不就是矛盾意向吗？男孩不就是通过原初意向逆转而成功了吗？

人能够创造视角，使人自身能够与他所面对的东西保持距离。出于同样的原因，幽默使人能够自己与自己相分离，进而获得对自己最大可能的控制。利用人的自我分离能力，就是矛盾意向基本实现的东西。记住这一点，康拉德·劳伦兹（Konrad Lorenz）[1] 在他最新出版的书中所主张的“迄今为止我们还没有足够认真地看待幽默”，似乎就不再正确了。

关于幽默这个主题，我在哈佛大学宣读了一篇论文之后，戈登·W·奥尔波特提出了一个重要问题。这个问题就是，矛盾意向技术中所固有的那种良好幽默感是否在所有患者身上都可以同样使用。109 我回答说，原则上，凭借其人类特性，每一个人都能够使自己与自己相分离，并且把自己作为笑柄。但是，就人的自我分离能力和良好的幽默感可以被调动起来的程度来说，当然有量上的差异。低程度的例子如下：

我的科室有一个人，他是博物馆的警卫，因为他遭受着对于有人会偷走画作的极度恐惧的折磨，无法继续工作。在我和工作人员巡房时，我尝试用矛盾意向治疗他：“告诉自己，他们昨天偷了一幅伦勃朗（Rembrandt）的画作，今天他们还会偷走一幅伦勃朗的画作和一幅凡·高（Van Gogh）的画作。”他就只是盯着我说：“但是，教授先生，那是违反法律的!”这个人只是太愚钝了，无法理解矛盾意向的意义。

在这一点上，矛盾意向，或者就此而言的意义治疗，并不是一个例外。通常，心理治疗——更具体地讲，心理治疗的所有方法——并不是以同样的成功程度适用于所有患者。而且，并不是所有的医生都能以同样程度的技能运用心理治疗的所有方法。在特定

---

① Konrad Lorenz, *On Aggression*, Bantam Books, New York, 1967, p. 284.

案例中的选择法类似于有两个未知数的方程式：

$$\psi = x + y$$

第一个未知数代表患者的独特人格。第二个未知数代表医生的独特人格。在选择心理治疗方法之前，这两者都必须予以考虑。适用于其他心理治疗方法的也适用于意义治疗。

意义治疗不是万应灵药，就此而言，任何其他心理治疗也不是
110 万应灵药。一位精神分析师曾这样说他的那种治疗："这个技术已被证明是唯一适合我的个性的方法；我不敢否认一位完全不同的医生可能会觉得有必要对他所面对的患者与任务采取不同的态度。"作出如此坦白的这个人就是西格蒙德·弗洛伊德。

既然意义治疗不是万应灵药，也就不会有人反对把它与其他方法——诸如莱德曼（Ledermann）（催眠）[①]、巴齐（Bazzi）（舒尔茨放松训练）[②]、奎尔豪格（行为治疗）[③]、沃尔布施（Vorbusch）[④] 和格尔茨（Gerz）（药物治疗）[⑤] 这些精神病医生所建议的方法——相结合。

另一方面，矛盾意向所达到的显著效果不能仅仅只是从暗示方面来解释。实际上，我们的患者常常开始使用矛盾意向时坚定地相信它根本不会起作用，然而他们最后成功了。换言之，他们成功不

---

① F. K. Ledermann, "Clinical Applications of Existential Psychotherapy," *Journal of Existential Psychiatry* 3: 45, 1962.

② T. Bazzum, Paper read before the International Congress of Psychotherapy, Barcelona, 1958.

③ B. Kvilhaug, "Klinische Erfahrungen mit der logotherapeutischen Technik der paradoxen Intention beziehungsweise deren Kombination mit anderen Behandlungsmethoden (Bericht über 40 Fälle)," Paper read before the Austrian Medical Society of Psychotherapy, Vienna, July 18, 1963.

④ H. J. Vorbusch, "Die Behandlung schwerer Schlafstorungen mit der paradoxen Intention," Paper read before the Austrian Medical Society of Psychotherapy, Vienna, June 1, 1965.

⑤ H. O. Gerz, "Severe Depressive and Anxiety States," *Mind* 1: 235, 1963.

是因为暗示，反而是尽管暗示了还是成功了。贝内迪克特（Be-
nedikt）① 给他的患者成套测验以评估他们对暗示的易感性。结果
这些患者对暗示的易感性低于平均水平，但是矛盾意向在他们的案 111
例中是成功的。

格尔茨②、勒布泽尔腾（Lebzeltern）和特威迪③都已证明，一定不要把矛盾意向与劝说相混淆。不过，我的观点是，在一些案例中，没有劝说为先导，矛盾意向无法启动。这一点尤其适用于亵渎神明的强迫观念（obsession with blasphemy），已经设计了特殊的意义治疗技术用于此症的治疗。④

大多数已经实践了矛盾意向并且出版了作品的作者都认同它 112
是一个短程方法。不管怎样，正如《美国心理治疗杂志》的已故主编埃米尔·A·古泰尔（Emil A. Gutheil）⑤ 所写的："[设想] 效果的持久性与治疗的长度相对应，[是] 弗洛伊德正统学说的错误观念 [之一]。"还有，就像德国心理治疗元老 J. H. 舒尔茨（J. H. Schultz）⑥ 所写的："症状消除之后随之而来的一定是替代症

---

① Fritz Benedikt, "Zur Therapie angst-und zwangsneurotischer Symptom emit Hilfe der 'Paradoxen Intention' und 'Dereflexion' nach V. E. frankl," Dissertation, University of Munich Medical School, 1966.

② H. O. Gerz, "The Treatment of the Phobic and the Obsessive-Compulsive Patient Using Paradoxical Intention Sec. Viktor E. Frankl," *Journal of Neuropsychiatry* 3: 375, 1962. H. O. Gerz, "Experience with the Logotherapeutic Technique of Paradoxical Intention in the Treatment of Phobic and Obsessive-Compulsive Patients," Paper read before the Symposium on Logotherapy at the Sixth International Congress of Psychotherapy, London, 1964. *American Journal of Psychiatry* 123: 548, 1966.

③ D. F. Tweedie, *Logotherapy and the Christian Faith : An Evaluation of Frankl's Existential Approach to Psychotherapy*, Baker Book House, Grand Rapids, Michigan, 1961; D. F. Tweedie, *The Christian and the Couch : An Introduction to Christian Logotherapy*, Alfred A. knopf, New York, 1965, p. 239.

④ Viktor E. Frankl, *The Doctor and the Soul : From Psychotherapy to Logotherapy*, Alfred A. Knopf, New York, 1965, p. 239.

⑤ E. A. Gutheil, "Proceedings of the Association for the Advancement of Psychotherapy," *American Journal of Psychotherapy* 10: 134, 1956.

⑥ J. H. Schultz, "Analytische und organismische Psychotherapie," *Acta Psychotherapeutica* 1: 33, 1953.

状”，这是“完全没有根据的断言”。伊迪丝·魏斯科普夫-乔尔森[1]是一位精神分析师，曾在一篇关于意义治疗的论文中表达了同样的观点。“精神分析取向的治疗师，”她说，“可能认为，用诸如意义治疗这类方法，不会取得真正的改善，因为在‘更深的’层面的病理仍未被触及，同时治疗师把自己限制在加强或者建立防御上。这样的结论是很危险的。它们会让我们意识不到主要的心理健康资源，因为这些资源并不适合一个特定的理论框架。我们绝不能忘记，诸如‘防御’、‘更深的层面’和‘具有潜在病理的肤浅层面上的适当功能’此类概念是理论概念，而不是经验观察。”相比之下，矛盾意向所获得的效果的确应该有资格作为经验观察。

另一位精神分析师伊普西兰蒂州立医院的格伦·G·戈洛韦（Glenn G. Golloway）主张，矛盾意向并不能解决“潜在的冲突”。不过，他说，这“丝毫无损于矛盾意向是一个成功的技术。外科手术并没有治愈它所摘除的病变胆囊，这种说法并不是对外科手术的侮辱。患者情况好转了”。

“那么矛盾意向做了什么?”这是哈佛医学院精神病学系莱斯顿·L·黑文斯（Leston L. Havens）[2] 问自己的问题。他“以熟悉的语言”作出回答，即从心理动力学方面回答：“患者被要求释放出被禁止的冲动；他得到允许。更具体地说，他的抑制被解除。……无疑弗兰克尔所作的建议属于那个旧术语‘超我修正’。……医生
113 干预为患者提供了一个更加宽容的良心。受到影响的是患者的标准与理想。对于缺乏理想的患者，弗兰克尔帮助他发现新理想。对于

---

① Edith Weisskopf-Joelson, “Some Comments on a Viennese School of Psychiatry,” *Journal of Abnormal and Social Psychology* 51: 701, 1955; Edith Weisskopf-Joelson, “Logotherapy and Existential Analysis,” *Acta Psychotherapeutica* 17: 554, 1963.

② Leston L. Havens, “Paradoxical Intention,” *Psychiatry & Social Science Review*, 2: 2, 1968, pp. 16 - 19.

遭受惩罚性理想折磨的有症状的患者，弗兰克尔尝试修正这些理想。”

基于这个原因，许多精神分析师已成功地使用矛盾意向技术。这个领域的一些工作者设法从心理动力学方面解释这种成功。[1] 其他人，比如D·缪勒-黑格曼（D. Müller-Hegemann）[2]，把矛盾意向描述为“神经生理学取向的方法”。他写道，他已经“在过去的几年中在患有恐惧症的患者身上观察到良好效果，所以认为矛盾意向有很多优点”。此外，应当指出的是，甚至那些遵循与基于意义治疗理论的不同理论的医生们，也把矛盾意向纳入他们的方法之中。

许多人已经尝试澄清意义治疗的适应证。例如，康涅狄格河谷医院的临床主任格尔茨认为，矛盾意向对于恐惧症和强迫症来说是一个有效治疗。它“适合急性病例中的短程治疗”[3]。

关于统计学数字，格尔茨报告：“……88.2%的患者恢复或者取得了相当大的改善。这些案例的大多数患病达24年……那些患病几年的人需要12个月的两周一次会谈才能恢复。大多数患病几周或几个月的急性病例在4至12次会谈内就对矛盾意向有反应。”[4] 114

---

① Viktor E. Frankl, *Psychotherapy and Existentialism : Selected Papers on Logotherapy*, Washington Square Press, New York, 1967; H. O. Gerz, “The Treatment of the Phobic and the Obsessive-Compulsive Patient Using Paradoxical Intention Sec. Viktor E. Frankl,” *Journal of Neuropsychiatry* 3: 375, 1962.

② 民主德国莱比锡卡尔·马克思大学神经精神病诊所主任。参见他的文章，“Methodological Approaches in Psychotherapy,” *American Journal of Psychotherapy* 17: 554, 1963。

③ H. O. Gerz, “Experience with the Logotherapeutic Technique of Paradoxical Intention in the Treatment of Phobic and Obsessive-Compulsive Patients,” Paper read before the Symposium on Logotherapy at the Sixth International Congress of Psychotherapy, London, 1964. *American Journal of Psychiatry* 123: 548, 1966.

④ H. O. Gerz, “The Treatment of the Phobic and the Obsessive-Compulsive Patient Using Paradoxical Intention Sec. Viktor E. Frankl,” *Journal of Neuropsychiatry* 3: 375, 1962.

格尔茨补充说："……接受过许多年精神分析训练的精神病医生可能往往对矛盾意向有偏见，而且没有尝试过就拒绝它，这是可以理解的。"① 毫无疑问，许多对矛盾意向以及就此而言的意义治疗的抵制，源自于诸如对宗派的忠诚与遵从这类情感理由。但是，宗派主义者应该牢记弗洛伊德自己的忠告："崇敬天才的伟大，当然是好事。但是，我们对事实的崇敬应该超过这种崇敬。"②

尽管确定意义治疗和矛盾意向的适应证是重要的，但更加重要的是确定禁忌证。矛盾意向严禁用于精神病性抑郁症。对于这样的患者，保留了一个特殊的意义治疗技术，这个技术的指导原则是减少患者因为他的自责倾向而遭受的罪疚感。③ 把这些自责解释为表明患者真的有罪（"存在之罪"）并因而抑郁，这是对存在主义精神
115 病学的误解。这实际上是把结果误认为原因。而且，这样的解释会加强患者的罪疚感，甚至很可能导致他自杀。顺便说一下，意义治疗提供了一个特殊测验来评估特定的自杀风险。④

就精神分裂症而言，意义治疗并不提供病因治疗。然而，作为心理治疗的辅助物，被称为去反思的意义治疗技术被推荐给这样的患者（参见边码 126 页）。⑤ 《现代心理治疗实践》⑥ 收录了与精神分裂症患者的一些会谈磁带录音，演示了去反思的使用。

伯顿（Burton）⑦ 前不久阐明："过去 50 年治疗精神病学已经

---

① H. O. Gerz, "The Treatment of the Phobic and the Obsessive-Compulsive Patient Using Paradoxical Intention Sec. Viktor E. Frankl," *Journal of Neuropsychiatry* 3: 375, 1962.

② Sigmund Freud, "Book Review," *Wiener medizinische Wochenschrift*, 1889.

③ Viktor E. Frankl, *The Doctor and the Soul: From Psychotherapy to Logotherapy*, second, expanded edition, Alfred A. Knopf, New York, 1965, pp. 261 ff.

④ *Ibid.*

⑤ *Ibid.*, p. 260, pp. 264 ff.

⑥ Viktor E. Frankl, "Fragments from the Logotherapeutic Treatment of Four Cases," in *Modern Psychotherapeutic Practice: Innovations in Technique*, edited by Arthur Burton, Science and Behavior Books, Palo Alto, California, 1965.

⑦ Arthur Burton, "Beyond Transference," *Psychotherapy: Theory, Research and Practice* 1: 49, 1964.

过于注重深入患者的个人经历。弗洛伊德对于所谓的持续性癔症的惊人治疗，使得我们在每一个患者身上都寻求相似的创伤经历，并且使洞察具体化为有疗效的东西，我们仅仅是现在才正从中恢复过来。”不过，即使有人认为，根据心理动力学假设，神经症甚或精神病是由被认为是引起它们的那些原因而引起的，但就非病因治疗而言，意义治疗仍然是必要的。[1] 只要患者有存在空虚，症状就会闯入其中。这就是为什么“意义治疗会心（encounter）”，正如克伦博[2]主张的：“继续超越大多数治疗——尤其是分析取向的方法—— 116
所停止之处：它认为，如果有目的的目标及对其的承诺没有达成，那治疗就会是徒劳的，因为病理病因一直都在，而症状以后还会回来。”

一些作者[3]主张，在存在主义精神病学中，意义治疗是唯一逐步形成了心理治疗技术的学派。甚至有人说，意义治疗为心理治疗增加了一个新维度：它为其增加了人类的独特现象这个维度。事实上，两个特别的人类现象，即自我超越能力和自我分离能力，分别被去反思和矛盾意向这两个意义治疗技术调动起来。联邦德国美因茨大学精神病学系的彼得里洛维奇（Petrilowitsch）教授把这两个意义治疗技术所取得的令人吃惊的效果归因于如下事实：意义治疗并不在神经症维度上，也就是说，动力学或者条件过程维度上。例如，与行为治疗相反，意义治疗并不满足于重建条件作用，而是打开了人性这个维度，并且利用智人的人性中的可用资源。

---

① Edith Weisskopf-Joelson, “Some Comments on a Viennese School of Psychiatry,” *Journal of Abnormal and Social Psychology* 51：701，1955；“Logotherapy and Existential Analysis,” *Acta Psychotherapeutica* 17：554，1963.

② J. C. Crumbaugh, “The Application of Logotherapy,” *Journal of Existentialism* 5：403，1965.

③ 其中可参见 Joseph Lyons, “Existential Psychotherapy：Fact，Hope，Fiction,” *Journal of Abnormal and Social Psychology* 62：242，1961。

这可能就是保罗・E・约翰逊（Paul E. Johnson）[1] 在说“意义治疗并不是与其他治疗相竞争的，而可能是以它的有利因素对它们挑战”之时所考虑的。

---

① Paul E. Johnson, “The Challenge of Logotherapy,” *Journal of Religion and Health* 7: 122, 1968.

第六章 医务职责

医务职责（medical ministry）是意义治疗体系中探讨对体因性 117
案例治疗而不是对心灵性或者心因性神经症治疗的那个方面。不用说，从意义治疗方面来探讨体因性案例，仅仅是在这些案例在严格意义上没有经过治疗好起来的范围内，更确切地说，在疾病的躯体原因不能去除的范围内。那么，重要的就是患者对他的困境所采取的立场，对他的苦难所选择的态度：换言之，苦难的潜在意义的实现。不用说，我们应当优先选用疾病的病因治疗，只有当病因治疗被证明无济于事时，才诉诸医务职责。那时处理患者对他的疾病的态度就是唯一可能和必要的事情。

对于医生的还有护士的责任与机会方面的探讨，都要归功于纽约大学的乔伊丝·特拉韦比（Joyce Travelbee）。在一本基于意义治疗学理念的书中，她成功地使“旨在帮助患者达成意义”[①] 的一套方法系统化。她写道，她的“主要信念是，人类在全部的生命体
验中都受到对意义的追寻的推动，而意义可以在对疾病、苦难和痛 118
苦的体验之中发现”[②]。为了展现特拉韦比教授前进所遵循的路线，

---

① Joyce Travelbee, *Interpersonal Aspects of Nursing*, F. A. Davis Company, Philadelphia, 1966, p. 171.

② *Ibid.*, p. v.

请允许我引用她所列出的方法之一，即“寓言法”①：

“寓言法看起来似乎特别适合一些患者。在使用这个特别的方法时，护士在她与患者互动时，讲述一个寓言或者故事，阐明没有人能不生病这个观点。一个特别有用的寓言或者故事是‘芥菜籽寓言’。戈塔米（Gotami）出生在印度。她结婚后就到丈夫的家族居住。她生了一个儿子，但那个孩子死了。她变得很悲伤。之前，她带着儿子到处为他寻医问药。人们都嘲笑她。有一个人很同情她，让她去世界上最重要的人那里寻求帮助。她带着儿子向这位伟大导师讨药。这位导师告诉她，她来找他讨药是很对的。他让她走遍大街小巷，无论是哪间房子，只要其中没有人受苦或者没有人去世，就从那间房子带回来一粒芥菜籽。她挨家挨户地走，从没能发现一间里面没有人受苦的房子。她认识到，她的儿子并不是唯一受苦的人，而苦难是人类的共同法则。”

我自己的实践中所得到的有意义的苦难的例子是一位老全科医生的故事。他因为妻子去世后抑郁而找我咨询。我使用苏格拉底对话的形式问他，如果是他而不是他妻子先去世，会怎么样。“她会
119 遭受多大的折磨啊！”他说。我回答：“你难道不明白吗，医生，她已经免于巨大的苦难，而正是你让她免于这种苦难；不过，现在，你不得不为此付出的代价就是比她活得长而为她哀悼。”② 我们的对话引导他发现了他苦难中的意义，即为他的妻子作出牺牲的意义。

我在美国给一个团体讲述了这个故事，一位美国精神分析师发表评论，阐明了意义与价值的还原论方法。就是：“我理解你的观点，弗兰克尔博士；但是，如果我们从如下事实开始，即显而易见

---

① Joyce Travelbee, *Interpersonal Aspects of Nursing*, F. A. Davis Company, Philadelphia, 1966, p. 176.

② Viktor E. Frankl, *Man's Search for Meaning: An Introduction to Logotherapy*, Washington Square Press, New York, 1963, p. 179.

的是，你的患者备受丧妻之痛的折磨仅仅是因为潜意识里他一直都恨她……”于是我说：“很可能，在这位患者躺在你的分析长椅上，比如说，500 个小时之后，你可能会成功地带他走到这一步，他坦白：‘是的，医生，你是对的，我一直都恨我的妻子……’但是，那时你也就剥夺了这位患者仍然拥有的唯一财富，即，对于他和他妻子已经建立的专一的爱与婚姻生活的认识……”

在我的一本书中①，我叙述了一个旨在促进意义与价值的发现的意义治疗方法，这就是我称之为的共同点（common denominator）技术。根据马克斯·舍勒，评估意味着更喜欢较高的价值而不喜欢较低的价值。我的论点是，如果认识到共同点，那就很容易比较价值的等级。

生命的短暂属于我所称的人类存在的悲剧三个主题。因此它也是困扰有不治之症的患者的问题，他们不仅要面对受苦，甚至还要 120
面对即将来临的死亡。在这样的案例中，问题就是如何把我们的如下信念传递给患者：在过去之中，什么都没有失去，相反，所有一切都被存储，就好像它被安全地放置在仓库之中。过去是最安全的存在方式。《现代心理治疗实践》② 收录了我与一位 80 岁患者的面谈磁带录音。她患有无法成功治愈的癌症。因为这一事实，她也知道这一点，她变得抑郁。我向参加我关于意义治疗的临床讲座的学生们演示了这个案例。我们的对话——我的部分是纯粹的即兴创作——如下：

---

① Viktor E. Frankl, *The Doctor and the Soul: From Psychotherapy to Logotherapy*, second, expanded edition, Alfred A. Knopf, New York, 1965, pp. 277 ff.

② Viktor E. Frankl, "Fragments from the Logotherapeutic Treatment of Four Cases," in *Modern Psychotherapeutic Practice: Innovations in Technique*, edited by Arthur Burton, Science and Behavior Books, Palo Alto, California, 1965.

弗兰克尔：当你回首人生时，你是怎么认为的？是不枉此生吗？

患者：嗯，医生，我得说我的生活挺好的。实际上，生活是美好的。我得感谢主所给我的一切：我去戏院看戏，我参加音乐会，等等。你要知道，医生，我是和我在他家服务了几十年的那家人一起去那些地方的，起初是在布拉格，后来在维也纳。所有这些美妙经历，我都要感谢主的恩惠。

（尽管如此，我感觉到，她还是对她整个一生的终极意义感到怀疑，而我想要通过她的怀疑来引导她。不过，首先我必须激发出它们，然后与它们搏斗——与它们的搏斗，就像雅各与神使者的摔
121 跤[①]，直到他保佑他：那就是我想要与我的患者的压抑的潜意识的存在绝望搏斗，以便她最后也能够“祝福”她的生命，不管怎样都对她的生命说“是”。所以我的任务在于让她对于生命意义的怀疑浮到意识层面，而不是压抑她的怀疑。）

弗：你谈到了一些美妙经历；但是，所有这些现在都会结束，对吗？

患（深思）：是的，一切都会结束……

弗：那么，现在你认为你生命中所有这些美妙的事情都会毁灭吗？

患（更加深思）：所有那些美妙的事情……

---

① 据《圣经·新约》中《创世记》记载，雅各夜间起来，带着两个妻子、两个使女和11个儿子都过了雅博渡口。先打发他们过河，又打发所有的都过去，只剩下雅各一人。有一人前来与他摔跤一直到黎明。那人见自己不能制胜，就在他的大腿窝上摸了一把，他的大腿窝就扭了。那人说：“天黎明了，容我去吧！”雅各说：“你不给我祝福，我就不容你去。”那人问他说：“你名叫什么？”他答说：“我名叫雅各。”那人说：“你的名字不要再叫雅各，要叫以色列，因为你与神与人较力，都得了胜。”雅各问说：“请将你的名告诉我。”那人答说：“何必问我的名？”遂在那里祝福了他。雅各给那地方起名叫“毗努伊勒”，意思说：“我面对面见了神，我的性命仍得保全。”为此，以色列人至今不吃大腿窝的筋，因为那人摸了雅各大腿窝的筋。——译者注

弗：但是，告诉我，你认为有人可以破坏你的经历的快乐吗？有人可以完全清除掉它吗？

患：不是，医生，没有人能完全清除掉它！

弗：或者，有人可以完全清除掉你在生命中所遇到的善良吗？

患（情感上更加投入）：没有人能完全清除掉它！

弗：那你达成了什么？

患：没有人能完全清除掉它！

弗：或者，对于你勇敢而真诚地所遭受的，有人可以把它从世界上消除——从存储它的过去之中消除，可以这样说吗？

患（此时激动地流泪了）：没有人能消除它！（暂停）的确，我遭受了大量的苦难；不过，我也努力勇敢而坚定地容忍我所必须容忍的事情。你要知道，医生，我把我的苦难视作惩罚。我信仰上帝。

（在本质上，意义治疗是研究临床问题的世俗方法。然而，当患者有着坚定的宗教信仰时，那么利用他的宗教信仰的治疗效果进而利用他的心灵资源就无可非议。为此，意义治疗师可以设法让自 122
己处于患者的位置。这正是我现在所做的。）

弗：但是，难道有时苦难不也是挑战吗？上帝想要看看阿纳斯塔西亚・科特克（Anastasia Kotek）会如何忍受它，这不可能吗？或许他不得不承认："是的，她非常勇敢地这样做了。"现在告诉我：有人可以把这样的成就从世界上消除吗，科特克夫人？

患：当然没有人能消除它！

弗：仍然是这样，不是吗？

患：的确是！

弗：顺便问一下，你没有孩子，对吗？

患：我没有。

弗：那么，你认为只有当一个人有孩子时生命才是有意义的吗？

患：如果他们都是好孩子，有什么理由说那不是福气呢？

弗：好的，不过，你不要忘记，比如，所有时代中最伟大的哲学家伊曼努尔·康德（Immanuel Kant），没有孩子；但是，会有人敢怀疑他生命的非凡意义吗？如果孩子是生命的唯一意义——生命就会变得没有意义，因为生育本身没有意义的东西当然就是最没有意义的事情。生命中重要的反而是所达成的。而这恰恰是你所做的。你已经充分利用了你的苦难。你已经因为承担你的苦难的方式而成为了我们患者的榜样。我为你取得的这个成就向你祝贺，而且我也祝贺其他患者有机会见证这样的榜样。（现在我对我的
123 学生们说）：你们看这个人！（观众们此时自发地鼓起掌来。）这个掌声是给你的，科特克夫人。（此时她在哭泣。）掌声是献给你已成就伟大的生命。你可以为此自豪，科特克夫人。没有多少人可以为他们的生命自豪……我可以说，你的生命是一个纪念碑。而且，没有人可以把它从世界上消除。

患（恢复了她的自我控制）：你所说的，弗兰克尔教授，是一种慰藉。它安慰了我。实际上，我从来都没有机会听到这样的话……（她缓慢而平静地离开了演讲厅。）

显然，她消除了疑虑。一星期后，她去世了——像约伯[①]那样，

---

① 《圣经·旧约》中的人物，被描述为一个受祝福的人，行为完全正直。但是撒旦指控约伯只为了物质利益才侍奉上帝。于是上帝一步一步撤去保护，容许撒旦夺去约伯的财富、子女和健康。而约伯保持了忠诚，没有诅咒上帝。约伯和他的三个朋友关于他为什么受到如此惩罚进行了大段的对话，然后上帝一步一步地回答了约伯和他的朋友们。上帝对约伯后来的祝福超过以往，他又活了 140 年。——译者注

可以说——“寿高年迈”。然而，在她生命的最后一星期中，她不再抑郁，而是相反，充满了信心与自豪！在此之前，她对负责病房的格尔达·贝克（Gerda Becker）医生承认，她感觉苦闷，更具体地说，她因对她是无用的这种焦虑而苦恼。然而，我们的面谈使她意识到，她的生命是有意义的，甚至她的苦难都没有白费。她去世之前的临终遗言是：“我的生命是一个纪念碑。弗兰克尔教授是这样说的，对着全部的观众，对着演讲厅所有的学生。我的生命没有白费……”

通过阅读贝克的报告，我们有理由认为，还是像约伯那样，科特克夫人“寿高年迈才归坟墓，好像禾捆到时收藏”。

我曾说在这个案例中，我利用了患者的心灵资源。换言之，我离开了心理维度而进入精神维度，即人关注与追寻终极意义的维度。这是处理这个案例唯一正确的方式。如果我们邀请一位行为治疗师通过重建条件作用使得这位患者替换条件过程，我不知道结果 124
会怎么样……如果正统的弗洛伊德学派学者把对这个案例的解释限制在潜在动力上，我也不知道结果会怎么样。这实际上是回避实际问题并且加强患者逃避现实。

事实是，传统意义上的训练分析并没有使分析师具备他帮助像科特克夫人这样的患者所需要的东西。“应该能够帮助生病的人的那些人，”特拉韦比教授①说，“要么不会，要么不知道如何这样做。对于生病的人来说，还有什么能比认为他的疾病与苦难是无意义的更加令人泄气？悲剧并不是医务工作者总不足以明智地去帮助。悲剧是那些职责是帮助与安慰的人甚至都没认识到问题所在。”

我在其中一个讲座上面谈的另一位患者表达了她对生命短暂的

---

① Joyce Travelbee, *Interpersonal Aspects of Nursing*, F. A. Davis Company, Philadelphia, 1966, p. 170.

关注。“早晚都会结束的，”她说，“什么都不会留下。”我设法让她认识到生命的短暂无损于它的意义。我并没有成功，所以我尝试苏格拉底式对话。“你有没有遇到过一个人，”我问她，“其成就受到你极大的尊敬？”“当然，”她回答说，“我们的家庭医生就是一个与众不同的人。他照顾患者，他为他们而活……”“他去世了？”我询问。“是的。”她回答。“但是他的生命是极其有意义的，不是吗？”我问。“如果有人的生命是有意义的，那他的生命就是。”她说。“但是，在他生命结束之时这种意义不就被消除了吗？”我问她。“绝没有，”她回答，“什么都不能改变他的生命是有意义的这个事
125 实。”不过，我继续质疑她：“如果没有一个患者曾记得他应归功于你的家庭医生的，因为缺乏感恩，那么会怎样？”“它仍然是。”她小声说。“或者因为缺少记忆？”“它仍然是。”“或者因为有一天最后一个患者都去世了这样的情况？”“它仍然是……”

一定不要把意义治疗的那个我称为医务职责的方面与牧师职责（pastoral ministry）相混淆。两者之间的本质区别会在下一章详细说明。眼下让我们问自己：医务职责究竟是不是医疗的？安慰患者实际上属于医疗行业的职责吗？皇帝约瑟夫二世[①]（Emperor Joseph Ⅱ）为维也纳总医院（甚至在今天仍是维也纳大学门诊部的最大建筑物）的题词是：“带给病人关怀和安慰。”（*Saluti* et solatio *aegrorum*）

举例来说，我认为，“你们要安慰、安慰我的百姓”（Isaiah[②] 40：1），在这些词语被写给还有说给“他的百姓”[③]中的医生时，都是一样有效的。这就是所有优秀的医生一向理解他的职责的方

① 1765—1790年在位。——译者注

② 即《以赛亚书》，是《圣经·旧约》的章节。——译者注

③ “我的百姓”是呼格而不是宾格。“他的百姓”并不是安慰的宾格，而是主格。

式。在潜意识层面，甚至精神分析师都提供了安慰。想想那些死亡恐惧被任意分析或者被还原为阉割焦虑的情况，正如阿瑟·伯顿[①]所指出的。

归根结底，这实际上是把心灵性抑郁误认为心因性抑郁。把体因性抑郁误认为心因性抑郁，同样是司空见惯的事。在这种情况中，并没有为患者提供安慰；患者的自责与罪疚感被加剧，因为他认为他对这场身处其中的不幸负有责任。换言之，心因性抑郁被添加到体因性抑郁上。 126

相反，让患者知晓他的不幸的躯体成因可以带来明显缓解。图宾根大学精神病学系主任舒尔特（Schulte）在他最近出版的一本书中对相关案例材料作了详细说明。

去反思技术帮助患者停止对抗神经症或者精神病，使他免受神经症或者精神病的强化，并且使他免受额外的苦难。如下的摘录中可以展示这一点如何达成，这个摘录来自与 19 岁的精神分裂症女孩的面谈磁带录音，她是维也纳艺术学院的学生。[②] 她因为表现出严重的早期精神分裂症症状，比如幻听，被送到综合医院我的科室。她还表现出皱眉现象，我在 1935 年曾描述过这个现象[③]，其特征就是皱眉肌的纤维状抽搐，而这是即将发生的精神分裂症的典型征兆。

一开始，患者主诉淡漠，然后她提到她“感到混乱”，并且请我帮助。于是我开始为她去反思：

---

① Arthur Burton, “Death as a Countertransference,” *Psychoanalysis and the Psychoanalytic Review* 49：3，1962－1963.

② Viktor E. Frankl, “Fragments from the Logotherapeutic Treatment of Four Cases,” in *Modern Psychotherapeutic Practice : Innovations in Technique*, edited by Arthur Burton, Science and Behavior Books, Palo Alto, California, 1965, pp. 368 ff.

③ Viktor E. Frankl, “Ein häufiges Phänomen bei Schizophrenie,” *Zeitschrift für die gesamte Neurologie und Psychiatrie* 152：161，1935.

弗兰克尔：你处于危机之中。你不应对任何明确诊断担心；我只想说，它是一个危机。奇怪的想法与感觉困扰着你，我知道；但是我们已经尝试使波涛汹涌的情绪之海平静下来。通过现代药物治疗的镇静作用，我
127 们已经设法让你慢慢恢复了情绪平衡。现在你处在你的生活重建是等待你的任务这样一个阶段！但是，没有生活目标，没有任何挑战他的东西，一个人就无法重建他的生活。

患者：我理解你的意思，医生；但是激起我好奇心的是这个问题：我的内心会发生什么？

弗：不要为自己费神，不要探询你的烦恼的来源，把这留给我们这些医生。我们会指导你走出这场危机。那么，难道没有正在召唤你的目标吗——比如说，艺术素养？你的心里没有许多正在酝酿的事情吗——未成形的艺术作品、已经展开等待创作的图纸，可以说，等待你来制作？想一想这些事情。

患：但是这种内心的混乱……

弗：不要盯着你内心的混乱，而是转而注视正在等待你的事情。重要的不是内心深处所深藏的，而是未来在等待的，等待你去实现的；不过，让我们来平息风波。那是我们作为医生的工作。把问题留给精神病医生。不管怎样，都不要盯着你自己；不要问你的内心会发生什么，而是问什么在等着你去实现。所以，让我们不要讨论我们在你的案例中不得不处理的，即焦虑神经症或者神经症强迫观念；无论它是什么，让我们考虑如下事实：你是安娜（Anna），有事情等待着你。不要考虑你自己，而是把自己交给你必

须创作的未问世的作品。只有在你创作出它之后，你才会知道你是什么样的人。安娜会被认为是已经完成这件作品的艺术家。认同并非源自于对自我的关注，而是源自于对某个事业的专注，源自于通过完成具体工作对自我的发 128
现。如果我没记错的话，荷尔德林[①]（Hölderlin）曾写道："我们是什么并不重要；重要的是我们要去哪里。"我们也可以这样说：意义超过存在。

患： 但是，我的烦恼的来源是什么呢？

弗： 不要把注意力集中在类似这样的问题上。不管基于你的心理痛苦的病理过程是什么，我们都会治愈你的。所以，不要关注那些时常萦绕在你心头的奇怪感觉。忽视它们，直到我们使你摆脱它们。不要盯着，不要与它们对抗。

（我没有通过投入心理动力学解释中而加强患者的精神分裂症的自闭倾向，而是设法引发出她的意义意志。）

弗： 想象一下，有大约一打的伟大事情、作品等着安娜去创造，除了安娜没有人能完成它。这方面没有人能代替安娜。它们会是你的创造，如果你不创造它们，那它们永远都会是尚未产生的。然而，如果你创造出它们，那么甚至连魔鬼都没有能力消灭它们。你通过把它们变成现实而营救了它们。即使你的作品被弄成碎片，它们都会永远继续存在。什么都不会从这个博物馆偷走，因为我们过去所做的都不会被毁灭。

患： 医生，我相信你所说的。这是让我快乐的一个启示。（她脸上的表情明亮起来，她从长椅上站起来，离开了我的办

---

① 生卒年代为1770—1843年，德国浪漫派诗人。——译者注

公室。）

129 心理治疗与药物治疗又继续了几个星期，这位患者摆脱了精神分裂症症状，能够重新开始工作与学习了。

另一位精神分裂症患者是一位 17 岁的犹太年轻人。[①] 他的养父申请了单次咨询。这位年轻人在第二次世界大战时被他营救出来，当时一批犹太人被纳粹处死。然而，后来，因为严重的精神分裂症症状，这位患者在以色列不得不被收容治疗两年半时间。现在，他和我讨论他的问题，其中有他与犹太神学背景——他在其中长大的世界——格格不入的问题。

弗兰克尔：你的怀疑什么时候形成的？

患者：我开始怀疑是在我被监禁时——我在以色列住院期间。你要知道，医生，警察抓住我，把我送到一所社会收容机构。我责怪上帝让我和正常人不同。

弗：然而，在某种意义上，甚至连这一点都是有目的的，这不可能吗？约拿[②]如何，那位被鲸鱼吞下的先知？难道他不也是“被监禁”吗？而他是为什么呢？

---

① Viktor E. Frankl, “Fragments from the Logotherapeutic Treatment of Four Cases,” in *Modern Psychotherapeutic Practice : Innovations in Technique*, edited by Arthur Burton, Science and Behavior Books, Palo Alto, California, 1965, pp. 370 ff.

② 《圣经·旧约》中的人物。神吩咐先知约拿往尼尼微城去，劝人悔改否则城将被灭亡。尼尼微城里的人，生性残暴又常常欺负以色列民族。约拿可不想看见他们得救，于是拒绝神的吩咐，坐船逃得远远的。神使海上起了风浪，船都快要沉没了，大家都害怕极了，纷纷向自己的神明求救。而约拿居然还在底舱里呼呼大睡呢！于是船长下来责备他：“我们都要丧命了，你怎么还能沉睡呢！赶紧起来求告你的神吧！”大家决定要找出究竟是谁得罪了神，才使得灾难临头。原来是约拿！他们问他：“你是哪里的人，为什么使这大灾难临到我们呢？”约拿回答说：“我是希伯来人，我敬畏的是创造大海陆地的耶和华。”然后大家才知道原来是约拿不听神的话才引起大风浪的。约拿要大家把他丢到大海里好使风浪平息。神派来的一条大鲸鱼，一口就把约拿吞进了肚子里。约拿终于知道自己错了，在大鲸鱼的肚子里向神祷告，并献上感恩的心。三天后，神吩咐大鲸鱼把约拿吐在旱地上。当耶和华再次让约拿去尼尼微的时候，约拿顺服了神的旨意，立刻前往尼尼微。——译者注

患：当然是因为上帝的安排。

弗：嗯，对约拿来说，发现自己落入了鲸鱼的肚子，当然不会快乐，不过，只有到那时，他才可能认识到他以前所拒绝的这项人生任务。如今，我认为把人监禁在鲸鱼肚子中几乎是不可能的，对吗？不管怎样，你都不必待在鲸鱼肚子 130
里，而是在一所收容机构中。通过两年半的监禁，上帝也想要让你面对一项任务，这是不可思议的吗？或许你的监禁就是你生命中特定时期的安排。难道你最终并没有以正确的方式面对它？

患（此时情感上变得更为投入，这是第一次）：你要知道，医生，那就是为什么我仍然相信上帝。

弗：继续说。

患：有可能上帝想要这一切，有可能他想要让我恢复……

弗：我想说的是，不仅仅是恢复。恢复不是成就。对你的要求不仅仅是恢复。你的心灵层面应该比你生病之前更高。在某种程度上，难道你不是在鲸鱼肚子里两年半时间，小约拿？现在你已经摆脱了你在那里不得不经历的。约拿，在他监禁之前，拒绝去尼尼微为上帝宣扬；之后，他做了这事。至于你，很可能是，从现在开始，你就会更加深入《塔木德经》[1]的智慧之中。我不想说你应该比你至今所学习的更加多，而是你的学习会更加富有成果和意义。因为现在你已经被净化过，就像圣诗（或者其他地方）中所说的，黄金与白银在熔炉中被净化的那种方式。

患：噢，医生，我理解你的意思了。

---

① 《塔木德经》是犹太律法、思想和传统的集大成之作。——译者注

弗：在你住院期间难道有时你不哭泣吗？

患：哦，我经常哭的！

弗：好，通过你哭泣时流出的眼泪，熔渣可能就从你身上去除了……

131 单次面谈的影响就使得患者对他养父的攻击显著减少，而且对研究《塔木德经》的兴趣增加。患者吃了一段时期的处方类药物；后来，除了小剂量的处方类药物，他不再需要进一步的治疗。他变得十分友善，并且可以重新开始他的手艺活。除了主动性降低以外，他的行为举止都是正常的。在上述的单次面谈期间，我成功地让这位患者根据他可以达到的意义与目的重新评价他的困境，不仅是尽管有精神病，而且还因为有精神病。有人质疑充分利用这则案例中可以得到的绝对宗教资源的正当性吗？不管怎样，在某种程度上，我故意避免了分析那些使患者与世界相隔离的壁垒。就此而言，我并不关心它们的起源，无论它是躯体的还是心理的。但是，我的确设法用这些壁垒来挑战他。换言之，我设法给他一个坚持的理由。

有时，患者不仅免于额外的苦难，而且还在苦难中发现额外的意义。他甚至可以成功地把苦难变成胜利。不过，意义取决于患者对苦难所选择的态度。下面的案例可以阐明这一点：

一位加尔默罗（Carmelite）修女遭受着抑郁症的折磨，她的抑郁症被证明是体因性的。她被送到综合医院的神经内科。在特定药物治疗减轻她的抑郁之前，这种抑郁因为心理创伤而增强了。一位天主教神父告诉她，如果她是一个真正的加尔默罗修女，她很久以前就会战胜这种抑郁。当然，这是一派胡言，把心因性抑郁［或
132 者，更具体地说，施茨廷（Schaetzing）称之为的“教会性神经症”（ecclesiogenic neurosis）］添加到体因性抑郁上。不过，我可以使

患者摆脱这次创伤经历的影响，由此缓解她的抑郁而不是被压抑。那位神父告诉她，加尔默罗修女不会抑郁。我告诉她，或许加尔默罗修女独自就可以以她所用的那种令人钦佩的方式征服抑郁。事实上，我永远都不会忘记她日记中字里行间所描述的她对抑郁所采取的立场：

“抑郁是我的稳定伴侣。它拖累着我的灵魂。我的理想在哪里，我曾致力于的伟大、美丽与善良都在哪里？只有厌倦，我陷入其中。我活着，就好像我被抛到了一个真空中。因为有时甚至连痛苦都体验不到。甚至上帝都是沉默的。那时我就希望死掉。尽可能早死。如果我没有拥有我不掌握我的生命的信仰，我就会要了我的命。然而，因为我的信仰，苦难变成了礼物。那些认为生命必须是成功的人，就像面对工地的人无法理解工人们挖地，如果他们想要修建教堂的话。上帝在每个灵魂中都修建了教堂。在我的灵魂中，他正打算挖地基。我必须要做的就是，每当他的铁铲打到我时，我只是保持不动。”

我认为这不只是一则案例报告，它还是人性记录（document humain）。

无论如何，没有理由认为，神经症或者精神病一定不利于患者的宗教生活。它不必然是障碍，而很可能是触发宗教反应的挑战和刺激。即使是神经症把一个人驱使向宗教，宗教终有一天也可以帮助这个人战胜神经症。所以，先入为主地把具有神经症特质的人排 133
除在神学职业之外是没有道理的。《圣经》所应许的真理会使我们自由，并不意味着真正信仰宗教的人并不处在使自己免于神经症的位置上。不过，反之也不亦然。更确切地说，免于神经症也绝不是宗教生活的保证。这种免除对于宗教来说既不是必要的也不是充分的条件。

就在最近我有机会与一位修道院院长探讨这个问题，他管理着一所本笃会（Benedictine）[①] 修道士的修道院，已经十分著名，因为他接受修道士候选人有两个条件：第一，他会寻求上帝；第二，他会接受精神分析。在我们会谈期间，他告诉我，就弗洛伊德、阿德勒和荣格的作品而言，一行他都没有阅读过。他只是自己接受了五年精神分析。如果正统而武断地坚持那种沿着精神病学特定方法的教导是基于个人体验而不是医学实践，我就会怀疑这种坚持是否有道理。个人体验是医学实践的一个补充，但是它不可能是替代。更加重要的是，缺乏精神病学训练，更确切地说，缺乏把一个学派与另一个学派进行比较的机会，解释了为什么在精神病学宗派主义者之中有那么多人改变宗教信仰。

在接受美国一家杂志采访时，这位修道院院长说："1962 年间，精神分析时代开始，1965 年，45 个候选人进入。11 个留下，或者比 20%略多一些。"[②] 面对这个数字，我必须告诉自己，很少人——如果还有人的话——会成为并且仍是精神病医生，如果他们
134 也筛查神经症缺陷的话。举个例子，我相信，如果我们自己身上没有遭遇至少一点点神经质，那我们就不会成为精神病医生，因为我们起初就不会对我们的科学感兴趣。我们也不会仍然是精神病医生，因为我们就不会有作为优秀的精神病医生所需要的共情。

近来的一项研究表明，"医生要比其他职业的人更容易自杀"，更重要的是，"精神病医生似乎高居榜首"[③]。一份英国杂志的一篇社论评论了精神病医生之中的高自杀率，宣称[④]："在各专业中，精

---

① 天主教的一个隐修会。——译者注

② Robert Serron, "Monks in Analysis," *This Week*, July 3, 1966, pp. 4－14.

③ Walter Freeman, "Psychiatrists Who Kill Themselves: A Study in Suicide," *American Journal of Psychiatry* 124: 154, 1967. 这是在 1967 年 5 月 8—12 日密歇根州底特律召开的美国精神病学协会的第 123 次年会上宣读的一篇论文的删节版本。

④ "Suicide Among Doctors," *British Medical Journal* 1: 789, 1964.

神病医生似乎产生了特别多的自杀者。解释可能在于专业选择上而不是在于符合它的需求上，因为一些从事精神病学研究的人可能是因为病态原因才从事的。”有人可能认为，这样讲就支持个人精神分析以阻止这样的受训者成为精神病医生，或者，至少，帮助他们战胜病态。然而可叹的是，正相反，“精神病医生中自杀发生率可以归咎于如下普遍观点：接受个人精神分析是一个必要条件”①。或者，再一次引用瓦尔特·弗里曼（Walter Freeman）：“当前对于接受个人精神分析是年轻精神病医生职业发展的必不可少之事的强调是有危险的，还没有被充分地认识到。有人提出，对于充分洞察自己的人格的坚持不能被所有尝试它的人所忍受。”

对于宗教领域和一般职业领域中提出的心理测量方法，我没有先入为主的异议。例如，密西西比州格尔夫波特退役军人管理局医院心理服务研究室主任詹姆斯·C·克伦博和路易斯安那州新奥尔良圣玛丽多米尼克学院学生事务处处长、多明我会玛丽·拉斐尔（Mary Raphael）修女已经启动了一个研究项目。这个项目基于如下设想：意义意志会是影响宗教组织成员的非常高的因素之一。所以，多明我会修女样本，以其职业性质而把她们计算在那些最有可能显现出意义意志的人之列，并用设置对照组的方法对其进行研究。用《生命目的测验》② 所测量的人格、价值结构和目的性的心理测量指标，来对训练中的优秀修女组和不足修女组进行比较。所作出的预测是，优秀组会显示出其行为最容易被解释为表达意义意志的有力证据，而不足组会显示出明显缺乏这样的证据。据预测， 135

---

① Ruth Norden Lowe, “Suicide by Psychiatrists,” *American Journal of Psychotherapy* 21: 839, 1967.

② James C. Crumbaugh and Leonard T. Maholick, “An Experimental Study in Existentialism: The Psychometric Approach to Frankl's Concept of Noogenic Neurosis,” *Journal of Clinical Psychology* 20: 200, 1964.

意义意志测量比人格测量能更加显著地分开被试组，而且，考虑修女受训者的全部参数，就会出现意义意志测量与受训者熟练度测量之间的相关高于人格测量与受训者熟练度之间的相关的情形。克伦博与玛丽·拉斐尔修女确信，发现生命中的意义的这种动机确实存
136 在，而且相当大程度上与人格变量无关。如果他们的研究项目得到证明，他们就会相信，以后将意义意志测量用于各种选拔程序和心理诊断测验中都是可能的。

确实，这个意义治疗取向的方法也是心理测量取向的，即定量方法。换言之，它考虑到了各种因素。在某种程度上，它基于决定论的人之概念。但是，决定论的人之概念还不是泛决定论的。

在泛决定论的人之概念的情况中，假设是，一个人的宗教生活总的来说是由他的父亲形象决定的。然而，不信仰宗教不能总是被追溯到父亲形象的扭曲。我曾在我的一本书中详细说明了我的工作人员所搜集的相关统计数据。① 我们的证据表明，宗教不仅是教育的问题，而且还是决定的问题。

我们使用的技术很简单。我让我的同事筛查了某一天内我的门诊患者。这次筛查表明，23 位患者有正面父亲形象，13 位有负面父亲形象。但是，其中只有 16 位有正面父亲形象的研究对象和两位有负面父亲形象的研究对象，在他们的宗教发展中让自己完全由这些形象决定。所筛查的总人数的一半发展他们的宗教观念与他们的父亲形象无关。我们知道，酒鬼的儿子并不必然成为酒鬼。相似地，匮乏的宗教生活不能总是追溯到负面父亲形象的影响。甚至最糟糕的父亲形象也并不必然阻止一个人建立与上帝的良好关系（参
137 照其中的 11 位研究对象）。因而，一半研究对象显示出教育使他们

---

① Viktor E. Frankl，*Psychotherapy and Existentialism*：*Selected Papers on Logotherapy*，Washington Square Press，New York，1967.

发展成为什么，而另一半显示出他们通过决定使自己发展成为什么。①

事实并不是命运。重要的是我们对它们所采取的立场。人们不会因为神经症必然成为坏的修道士和修女，相反，尽管有神经症却很可能成为好的修道士和修女。在一些情况中，他们甚至因为神经症而成为好的修道士和修女。而适用于修道士和修女的，也同样适用于精神病医生。事实上，诸如开创性学派的创立者们这类富有创造性的精神病医生，据说已经提出了那些归根到底描述他们自己的神经症的体系。我在其中看到了成就，因为，以这种方式，他们不仅战胜了自己的神经症，而且还教给其他医生如何帮助患者们战胜他们的神经症。一个人的不幸变成了为人类而作出的牺牲。唯一的问题是，一个特定的精神病医生的神经症是否代表他所生活的那个时代的神经症。如果是，那他的苦难代表了人类的苦难。如果一个人要学会如何使他的患者免除存在绝望，那他就必须要经受他自己的存在绝望。

让我回到我所持的论点：一位神经症患者是有宗教信仰的还是无宗教信仰的，与他是不是神经症患者无关。神经症对宗教来说并不必然是不利的。神经症患者可能是信仰宗教的，既可以是尽管他 138
是神经症患者，也可以是因为他是神经症患者。这个事实反映了宗教的独立性与可靠性。显然，宗教是不可毁灭的、不能消除的。甚至精神病也不能摧毁它。

一位大约 60 岁的人因为持续了几十年的幻听而被带到我这里。

---

① 这里，我准备好面对来自神学家们的反对，因为有人可能会说，尽管教育条件不利却建立了宗教生活，要是没有神圣恩赐干预是难以置信的。如果人相信上帝，那他必是得到了恩赐的帮助。但是，不应该忘记，我们的研究是在心理学或者更确切地说是在人类学的参考框架内进行的：也就是说，在人的层面上。然而，恩赐位于超人的维度上，因而仅仅是作为投射出现在人的平面上。换句话说，在自然的平面上以人之决定的现象所呈现出来的，在超自然的平面很可能被解释为上帝的持续帮助。

我正面对一个被毁灭的人格。他周围的所有人都把他视作白痴。但这个人身上仍然散发出一种很奇怪的魔力！在他小时候，他想要成为一名牧师。然而，他不得不满足于他能够体验的唯一快乐，那就是每个星期天早上在教堂唱诗班唱歌。此时，陪同他的姐姐报告，尽管他非常容易激动，但他最终总是能够恢复他的自控。我开始对潜藏在这个案例之下的心理动力感兴趣，因为，我认为这位患者对他的姐姐有着强烈的固着；所以，我问他是如何设法恢复他的自控的：“你这样做，是为了谁?”于是，停了几秒钟，然后，这位患者回答说：“为了上帝。”

“为了上帝。”他说。换言之，为了取悦上帝。在这种语境下，我想要引用克尔凯郭尔（Kierkegaard）的话，他曾说过：“即使精神失常举着傻瓜的外衣给我，我也能拯救我的灵魂，如果我想要取悦上帝。”也就是说，即使我遭受精神病的折磨，我也可以选择对我的困境的态度，并且，通过这样做把它变成成就。

为了改变一下，请允许我谈谈一个躁郁精神病案例，而不是精神分裂症。我永远都不会忘记这位我曾遇到过的最漂亮的女孩之一。她是犹太人，但是，甚至在希特勒统治下她还在维也纳停留了一段时间，因为她父亲是犹太社区雇用的一名公务员。在她经历躁
139 狂阶段期间，她父亲因为她的滥交而向我咨询。我指出，躁狂阶段有两个主要危险，即染上性病和怀孕。在这个案例中，还有第三个危险，即生命危险。她和党卫军成员们一起去夜总会。她与他们跳舞，与他们上床，既危害他们也危害她自己。最后，她被送到了集中营。在那里我又见到了她。我永远都不会忘记那个场景。我不由地将它与歌德的《浮士德》第一部分最后一幕的最后场景相比较。与甘泪卿（Gretchen）一样，她跪在地下室的稻草上，在一群躺卧在粪便中的精神病人之中。她合起双手，向上仰望，喃喃祷告：

“听啊，以色列……”（*Shema Yisrael...*）当她看到我时，她紧紧抓住我并恳求我原谅她。我努力让她平静下来。当我离开她时，她继续用希伯来语喃喃祷告。除了这个环境以外，都跟甘泪卿一样。大约一小时后，她死了。她身体疲惫，精神错乱，严重迷失方向。她不知道她在哪里，或者为什么。她只知道如何祷告。

面对诸如那位精神分裂的老人和躁郁症女孩这样的案例，有人会忍不住重新解释圣诗中的一首诗：“主亲近那些心碎的人，拯救那些悔恨的灵魂。”精神分裂症患者的发展曲线的特征不就是“破碎的”吗？躁郁症患者的特征不就是“悔恨的”吗？而且，精神分裂症和躁郁症患者有时不是比正常人更接近宗教吗？

甚至弱智儿童也保持着人类的人性。卡尔·J·罗特（Carl J. Rote）是一所有大约 4 300 名弱智患者的国立收容机构的常驻牧
师，他说：“弱智者教给我的远比我能讲的要多。他们的世界是消 140
除了虚伪的世界；它是这样一个王国：微笑是他们获取你的感情的通行证，他们眼中的光芒会融化最冷酷的心。或许这就是上帝提醒我们的方式：世界一定会重新发现弱智者从未失去的那些特征！”①

我们不得不同意苏格兰阿伯丁大学心理健康教授 W. M. 米拉尔（W. M. Millar）所作的陈述：“如下想法中当然有错误之处：完整性一定等同于心理健康，上帝眼中的个人不是完整的，除非他有精神病医生给的健康证明。白痴的孩子或者孤僻的精神分裂症患者，或者精神错乱的老年患者，又如何呢？如果我们致力于身心完整性这个概念，那可以带给他们什么样的安慰呢？肯定有某种意义，在其中上帝的这些创造物可以被变成完整的，尽管他们的医疗

① Carl J. Rote，“Mental Retardation：The Cry of Why?” *Association of Mental Hospital Chaplains Newsletter* 2：41，1965.

康复是没有希望的。"①

根据意义治疗，这并不意味着在有神论与人道主义之间的问题上有所偏袒。因为，按照意义治疗，宗教是人类现象，而作为人类现象，它必须被认真地接受。它必须根据表面价值被接受，而且，不会因为被按照还原论还原为非人现象而不予考虑。

严肃地接受宗教，就是允许利用患者的那些心灵资源。在这个语境下，"心灵的"意味着独特而真实的人。在这个意义上，医务职责是医生的一项正当任务。

141 当然，没有它我们也能应付，仍然是医生，但是——顺便提及保罗·迪布瓦（Paul Dubois）的珠玑妙语——我们应该认识到，使我们区别于兽医的唯一东西就是客户。

① W. M. Millar, "Mental Health and Spiritual Wholeness," *Journal of Societal Issues* 1: 7, 1964.

结论
意义的维度

必须要允许如下情况：本章框架中我准备呈现的并不都是意义 142
治疗的原则。正是由于主题的性质，我不得不把对有关神学和精神病学之间分界线的个人信念的坦白纳入进来。

有太多涉足神学领域的精神病医生，也有太多涉足精神病学领域的神学家。纽约市监狱的常驻牧师E·弗雷德里克·普勒尔斯（E. Frederick Proells），提到“半瓶子醋的牧师—心理学家们，抛弃了他们的宗教武器”。他们“会自觉羞愧”，“因为一些医生，他们正是通过使用宗教方法、回头捡起那些糊涂的神学家们所忽略的而进行着出色的工作”①。然而，我想说，精神病医生应该抵制住涉足神学领域的诱惑。我一再地被问到这个问题：“意义治疗中恩赐的位置在哪里?”而我回答，写处方或者做手术的医生应尽可能专
心做这些事情，但是他不应该与恩赐眉来眼去。他越注意他正在做 143
的事情，越少关心恩赐，他就越能作恩赐的媒介。一个人越是有人性，他就越是能作神圣目的的工具。

---

① E. Frederick Proells, “Reflections of the Social, Moral, Cultural, and Spiritual Aspects of the Prison Chaplain’s Ministry,” *Journal of Pastoral Care* 12：69，1958.

意义治疗并没有跨越心理治疗与宗教之间的边界。不过，它给宗教留了一扇打开的门，它也给患者留了一扇打开的门，无论是否走进这扇门。正是患者来决定他是按照对人性、对社会、对良心还是对上帝负责来解释责任。正是由他决定他对什么、对谁以及为什么负责。

意义治疗领域的许多作者已经指出，意义治疗与宗教是相兼容的。然而，意义治疗并不是新教的、天主教的或者犹太教的心理治疗。[①] 从本来的意义上说，宗教的心理治疗是难以想象的，因为心理治疗与宗教之间存在着本质区别，这种区别是维度区别。从一开始，这两个的目标就是不同的。心理治疗的目标是心理健康。宗教的目标是救赎。的确，正如霍华德·钱德勒·罗宾斯（Howard Chandler Robbins）所写的："礼拜使人内心平静。但是，没有战胜自我这个目的，那它就不能被用于这个目的。我们不能唱我们的感恩赞美诗、我们的荣耀归于上帝来期待着治愈失眠症或者摆脱慢性消化不良。我们唱我们的感恩赞美诗、我们的荣耀归于上帝，是为了上帝的荣耀。"

而且，意义治疗一定对所有的患者都有用，所有医生都可用，无论他的世界观是有神论的还是不可知论的。要是没有其他理由，单凭希波克拉底誓言，这种可用性也是必要的。

144 另一方面，尽管心理治疗师不必也不应该关注他的患者的宗教生活，但他很可能有助于它，这是无意的副作用。相关的案例材料收录在《心理治疗与存在主义》中。[②]

---

① 考虑到已故的利奥·拜克（Leo Baeck）曾把"律法"（torah）译作"生活任务"，那他所坚信的意义治疗就是"那个"（the）犹太教心理治疗，是可以理解的。

② Viktor E. Frankl，*Psychotherapy and Existentialism：Selected Papers on Logotherapy*，Washington Square Press，New York，1967.

一个类似的副产品是宗教对心理健康的无可估量的贡献。毕竟，宗教为人提供了一个精神寄托，他在其他地方不能找到的安全感。[1]

心理治疗与宗教的融合必然导致混乱，因为这种融合混淆了两个不同的维度，即人类学维度和神学维度。与人类学维度相比，神学维度是更高的维度，因为它更具包容性。

那么，面对人的世界与神的世界之间的维度区别，对于人来说，如何可能认识到这种区别呢？为了理解这种区别，我们只需要考察一下人与动物的关系。人的世界包括动物世界。在某种程度上，人能理解动物，但动物却不能理解人。现在我的论点是，这种在人与动物之间的类比，有点类似于上帝与人之间的类比。

在我的其中一本书[2]中，我已详细说明了这个类比：一只猩猩，被用于开发脊髓灰质炎血清，并且因此一再被穿刺，它不能领会它
受苦的意义，因为，以它有限的智力，它无法进入人的世界，只有 145
在这个世界中它的苦难才是可以理解的。仍然有另一个可能的维度：一个超越人的世界的世界，一个人类苦难的终极意义这个问题可以在其中找到答案的世界，这不是可能的吗？

现在让我们举另一个例子：一条狗。当我用手指指某个东西时，它并不朝我所指的方向看；它看我的手指，有时会咬我的手指。它无法理解指向某物的语义功能。那人又如何呢？难道他有时不也是不能理解某事的意义，比如说，受苦的意义，而且，难道他

---

① Viktor E. Frankl, *The Doctor and the Soul : From Psychotherapy to Logotherapy*, second, expanded edition, Alfred A. Knopf, New York, 1965 (paperback edition: Bantam Books, New York 1967).

② Viktor E. Frankl, *Man's Search for Meaning : An Introduction to Logotherapy*, Washington Square Press, New York, 1963, p. 187.

不也是与他的命运争吵并且咬它的手指吗?

人不能理解人类苦难的终极意义，因为，正如阿尔伯特·爱因斯坦曾经说过的：“纯粹的思考不会为我们揭示最高目的。”我想说，终极意义或者我更喜欢称之为的超意义（supra-meaning），不再是思考的问题，而是相信的问题。我们不能基于理智，但可以通过存在的根基，用我们完整的存在即通过信念来抓住它。

但是，我的论点是，对于终极意义的信念是以对终极存在的信任、对上帝的信任为先导的。想象一条狗——另一条狗——一条生病的狗。你带它到兽医那里，他给这条狗带来了痛苦。它向上看，看着你，现在让这位兽医为它检查和治疗。尽管痛苦，这条狗仍保持平静。它无法理解痛苦的意义，即注射或者绷带的目的，但是，它看着你的方式泄露出对你的无限信任，出于信任，它认为这位医生不会伤害它。

人无法冲破人的世界与神的世界之间的维度区别，但是他可以通过由对终极存在的信念为媒介的信念设法获得终极意义。不过，
146 上帝是“高于一切世间所说的祝福与圣歌、赞美与安慰”，正如著
名的哀悼亡者的希伯来语祈祷文卡迪什（Kaddish）中所说的。也就是说，我们又遇到了维度区别，类似于马丁·海德格尔称之为的本体论区别，即事物与存在之间的本质区别。海德格尔认为，存在并不是其他事物之中的一个事物。几年前，一个小男孩告诉我妻子，他知道他长大之后会干什么。她问会干什么，他回答：“要么我会成为马戏团高空秋千上的杂技演员，要么我就会是上帝。”他论及上帝，就好像作上帝是其他职业中的一个职业。

存在与事物之间的本体论区别，或者，就此而言，终极存在与人类之间的维度区别，阻止人们真正地谈论上帝。谈论上帝意味着

使存在成了一个事物。它意味着物化。人格化就会是合理的。换言之，人无法谈及上帝，但是他可以对上帝讲话。他可以祈祷。

路德维希·维特根斯坦（Ludwig Wittgenstein）在他最著名的书中作出结论的著名句子是：“对于那些不能言说的，必须保持沉默。”它已被翻译成许多种语言。让我把它从不可知论的语言翻译成有神论的语言，即：“对于不能谈论的他，必须对他祈祷。”

然而，认识到人的世界与神的世界之间的维度区别，不仅仅贬低知识，而且也增加知识，并且走向智慧。如果问题无法解决，那么我们至少可以理解为什么它是不能解决的。考虑一下这个谚语：上帝在曲线上书写直线。在我们想象上帝正在上面书写
的这页平面上，这是难以想象的。书写直线的意思是放置与线条 147
垂直的平行字母。在曲线上，这些字母不可能是平行的。但是，如果我们考虑三维空间，而不是二维的这页平面，那么在曲线上放置平行字母是完全有可能的。见图 9、图 10、图 11。换言之，由于人的世界与神的世界之间的维度区别，我们迈出的一步，可以超越苏格拉底所迈出的那一步，他说他只知道他一无所知。现在我们知道我们无法知晓一切的原因。我们理解了我们为什么无法理解一切。更为重要的是，我们理解了在较低维度上看似不可能的
事情，在更高维度上是完全有可能的。 148

图 9　在直线上书写直线

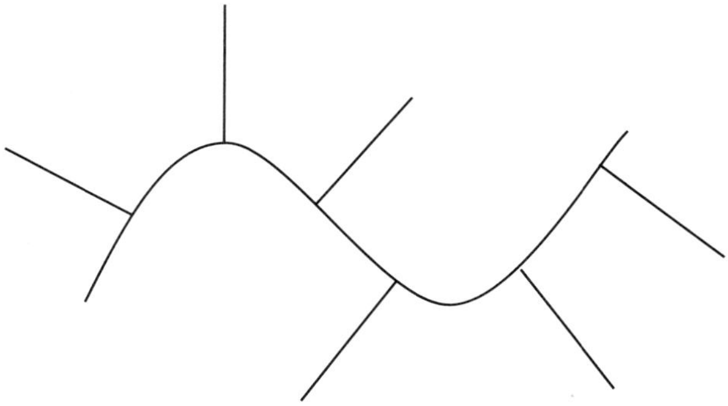

图 10　在曲线上书写直线（二维平面）

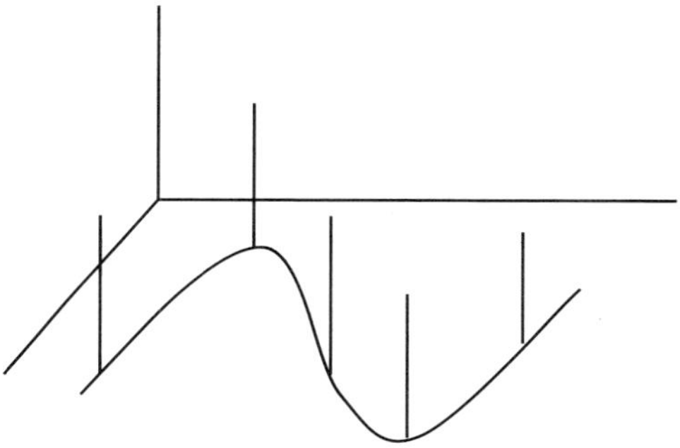

图 11　在曲线上书写直线（三维空间）

人的世界与神的世界的维度障碍不会因为参考启示而通过谈话消除。启示无法引起对上帝的相信，因为，承认作为信息源的启示，是以对上帝的相信为先决条件的。不相信者永远都不会承认启示是历史事实。

基于逻辑的论点并不比基于历史的论点更有效。从化石脚印，你可以推断出恐龙曾存在过。但是，从自然万物，你无法推断出超自然生命存在。上帝没有石化。目的论不是人类学与神学之间的可靠桥梁。

对于不信者来说，论点的历史方法和逻辑方法只不过是两块绊脚石。但是，还有第三个绊脚石，即赋予神以人的特点的拟人论。

我把拟人论定义为就人类学而言的神学。或者，以更轻松诙谐的语调来阐述上帝是祖父形象。阐明这一点的例子是下面的笑话： 149

一位主日学校的老师曾给她的学生讲了一个穷人的故事，这个穷人的妻子死于分娩。他雇不起奶妈，不过上帝创造了奇迹，让这个穷人的胸脯长出乳房，以便可以给这个新生儿哺乳。然而，其中一个男孩子就反对说没有必要创造奇迹。上帝为什么不只是安排这个穷人发现一个装着 1 000 美元的信封从而能付钱给奶妈？但是老师回答说："你真是个傻孩子。如果上帝可以创造奇迹，他当然不会浪费现金。"为什么我们笑了？因为在某个人类范畴，即省钱，已经被应用于上帝的动机上。

这三个绊脚石，极权主义、理性主义和拟人论，说明了宗教领域中许多的压抑。我可以引用一则案例，在其中，压抑的宗教情感被 X 射线揭示出来。我要感谢耶路撒冷希伯来大学 H. E. 布卢门撒尔（H. E. Blumenthal）的报告："［它］是关于一位因严重结肠炎而被送到医院的中年女人的。她对 X 射线科的医生强调她不是宗教信仰者，但是，她的病尤其在吃了猪肉之后就会发作。钡餐之后的第一次筛查显示结肠十分正常。第二次，她吃了钡餐，并且被告知里面有猪肉；照 X 射线之后的结果是结肠炎严重发作。第三次拍片，猪肉实际上混在了钡餐里，不过，并没有告诉患者这一点。这次 X 射线再次显示结肠完全正常，之后这个女人没有发作。"①

150 在我的一本还没有翻译成英文的书②中，我收录了意识层面的无神论患者的潜意识宗教之梦。我观察过临终之时的不可知论患者，他们知道自己将要死掉，然而心中却有一种受庇护感，这是他

① H. E. Blumenthal, "Jewish Challenge to Freud," *Here and Now*, 1：24, 1955, p. 12.

② Viktor E. Frankl, *Der unbewusste Gott*, Amandus-Verlag, Wien, 1948.

们的无宗教信仰的人生哲学所无法解释的。[1] 不过，这大可以用我所称的对终极意义的基本信任这个设想来解释。阿尔伯特·爱因斯坦给出了定义，为“生命意义是什么”这个问题找到令人满意的答案，就意味着是信仰宗教的。如果我们同意他的宗教定义，那我们就有理由宣称人从根本上说是信仰宗教的。

在伊曼努尔·康德的先验论[2]的严格意义上，人对意义的信任称得上是先验的。如果出于教导的原因而允许我简化问题的话，要是没有在时空中感知事物并且没有把因果范畴运用于它们，人就无法感知到它们。康德也是如此。现在我的论点是，如果，事实上如果不深入存在的基础，那么人真的无法移动肢体，而且，由于人所不及，人并没有充满对终极意义的基本信任。没有基本信任，他不
151 得不停止呼吸。即使自杀的人都一定相信自杀是有意义的。

因而，对意义的信任和对存在的信念，无论它们可能怎样潜伏，都是先验的，因而是不可缺少的。它们不会被消灭。我们已经探讨过一个人对宗教情感感觉羞愧而压抑了它们的案例。这样的人没有正确处理人的世界与神的世界之间的维度区别就面对了宗教的意象。不过，也有一些人，他们对这个区别的认识不是太多而是太少。我指的是坚持只有有形的东西才是真实的那些人。他们甚至都没有意识到身心现象之间的维度区别。但是，这些人可以通过提及他们一直预先假定的东西受到影响。让我阐明这个想法：

---

① 通常把死亡与睡着相比较。然而，实际上，垂死应该与被唤醒相比较。至少这个比较使得死亡是无法理解的这一点变得可以理解。想象一位用爱抚温柔地唤醒他的孩子的父亲。这个孩子会吓一跳地醒过来，因为，在他被触摸所侵扰的梦境中无法构想它的正确含义。人从生到死也是吓得醒过来的。而且，如果在临床上死亡之后，他的生命被挽救过来，他不记得任何事情这一点是可以理解的。梦醒者记得他的梦，而做梦者并不知道他在睡觉。

② 在我看来，康德通过他的先验论把一个法律问题（*quaestio iuris*）变成了事实问题（*quaestio facti*），因为，我们是否有理由使用某些范畴这个问题，通过证明我们不能没有它们，以及我们一直都在使用它们，而得以回答。质疑我们必须做什么是没有意义的。

在一次讨论中，一位年轻人问，如果灵魂无法看到，那么谈论它是否合理。他说，即使我们用显微镜探测脑组织，我们也永远都不会发现诸如灵魂这样的东西。此时，主持人请我回答这个问题。我先问这位年轻人是什么促使他提出这个问题的。“我的理智诚实。”他回答道。“好的，”我继续盘问他，“它是身体的吗？它是有形的吗？它在显微镜下可以看得见吗？”“当然不能，”他承认，“因为它是思想的。”“啊哈，”我说，“换句话说，你在显微镜下白费力地寻找的东西就是你的寻找的条件，是一直被你预先假定的，不是吗？”

当马丁·海德格尔有生以来第一次访问维也纳时，他为十多位学者举办了一场教学研讨会。同一天晚上，维也纳大学哲学系的G. 教授和我带海德格尔前往维也纳的一家霍里格（Heuriger，维也纳有特色的地方，葡萄园的主人出售自产葡萄酒）。我们的夫人 152
都一起跟随着。因为G. 教授夫人并不是专业哲学家，以前是歌剧明星，她请我用最平实的语言解释一下海德格尔研讨会上的成果是什么。我即兴创作了下面这个故事：“从前有一个人，他站在望远镜后面，感觉很失望，因为，就像他说的，他找遍了整个天空，想找到太阳系的某颗行星，但是无法找到它。具体地说，一颗名字叫做地球的行星。一位朋友让他求助于一位名叫马丁·海德格尔的智者。‘你在寻找什么？’海德格尔问这位天文学者。‘地球。’那人叹息道，‘我找遍整个天空都没有找到它。’‘那我可以问你你把三脚架放在哪里了吗？’海德格尔询问。‘当然在地球上。’他立即问答。‘好吧，’海德格尔断定，‘它就在这里。’”

再一次，一个人所寻找的是一直被预先假定的。从字面上看，预先假定的（pre-sup-posed），具体地说，甚至在寻找它之前（pre），就使之作为（posed）其寻找的基础（sup）。

马丁·海德格尔请我允许他在他的讲座中使用这个生动描绘。他让自己接受词源学的引导。我为什么不能让自己接受类比的指引呢?

那些将现实限制在有形的和看得见的东西之上的人，因而倾向于先验地否认终极存在的存在，同时压抑了宗教情感。除了那些太世故而不能接受单纯的宗教观念的人，还有一些太不成熟而不能克服原始的认识论的人。他们坚持认为，上帝必须是看得见的。但是，如果他们曾站在舞台上，他们就会懂得一个道理。舞台上的人被脚灯和聚光灯照得看不见东西，他无法看到观众。他看到的不是
153 观众，而是一个巨大的黑洞。他无法看到那些正观看着他的人。人，站在生命的舞台上，扮演着生命中的角色，无法看到他正在谁面前扮演角色。他无法看到他在谁面前对扮演这个角色负责。在日常生活前景中这些使人看不见的灯光下，他有时忘记了他被观看着，隐藏在黑暗之中的某个人坐在包厢里观看着他，“让黑暗成了他的隐藏之处”的他，正如一首赞美诗中所说的。我们常常有一种想要提醒他的冲动：大幕已经拉开，无论他做什么都被观看着。

在朝鲜战争中，被俘的美军士兵们被告知，如果他们不屈服，那他们就会死，也就没有人知道他们的情况和他们的英雄主义。对无宗教信仰的人来说，如果没有人由此得到什么，甚至没有一个人会了解这一点，那有英雄气概看起来一定就是无意义的。①

巨大的黑洞充满了符号。人是能够创造符号的存在，并且是需要符号的存在。他的语言就是符号系统。他的那些宗教也是。而适用于语言的也同样适用于那些宗教。确切地说，没有人由于优越情结就有正当理由宣称，一种语言优于另一种语言。因为，在每一种

---

① Joost A. M. Meerloo, “Pavlovian Strategy as a Weapon of Menticide,” *American Journal of Psychiatry* 110: 809, 1954.

语言中都可能达成真理——一个真理，同样地，在每一种语言中也可能犯错——以及撒谎。

我并不认为这种趋势是远离宗教本身。不过，我的确认为这种趋势是远离那些宗教，或者，更确切地说，那些教派，其代表人物关注于相互抨击与斗争。这就是当地《时代》杂志记者打电话问我的“上帝死了吗”这个问题的答案。当他告诉我这个问题会是封面文章时，我首先问编辑最后是否会选上帝作“年度人物”。 154

在我指出这种趋势并不是远离宗教而仅仅是远离对于各个教派之间的区别的强调后，《时代》杂志记者问我，我的意思是不是远离教派的趋势赞成某种普世宗教。然而，我否认了这一点。而情况恰恰相反。这种趋势朝向一个极度个性化的宗教，以便每一个人在致力于终极存在时，都会达成他自己的一种语言，找到他自己的词汇。

但是，眼前的这个问题“上帝死了吗”又如何呢？我想说，上帝并没有死，而是沉默了。然而，他一直都在沉默。“活着的”上帝一直都是一位“隐藏的”上帝。你不应该期待他回答你的呼唤。如果你探查海底的深度，你会发出声波，然后等待来自海底的回声。然而，如果上帝存在，他就是无限的，而你徒劳地等待回声。没有回答回到你这里这个事实就证明你的呼唤已经到达受信人，那就是无限。

如果你仰望天空，你就不会看到天空，因为无论你在天空中看到什么，都并不是天空本身，而是被遮蔽的天空，比如说天空中的云。从无限高度呼喊天空——据说上帝的方法在人的方法之上，就如同天空在地球之上那样——没有光线从无限高度折射下来——没有声音从无限深度回声上来。

在其著名的《个人及其宗教》（*The Individual and His Reli-*

gion）一书中，戈登·W·奥尔波特谈及印度宗教时指的是极度个性化的宗教。有“不同时期的不同个人和同一个人所持有的关于神
155 的各种概念。当我们需要慈爱时，上帝就是爱；需要知识时，他就是无所不知的；需要安慰时，他就授予我们传递理解的和平。当我们有罪时，他是救赎者；当我们需要指引时，他是圣灵。这里就想到了印度宗教的一个有趣的仪式。大约 16 或 18 岁时，印度的年轻人就从他的老师那里接受一个以神命名的名字，这个名字会伴他一生，作为祷告的秘密工具，使自己与神紧密联系。在这个习俗中，印度教承认新入门者本人的性格、需要和能力必然在很大程度上决定了他接近宗教真理的方法。在这个活动中，我们有一个罕见的实例：制度化宗教承认宗教情感的终极个性。在印度，每个人应该有适合他自己个人需要的以神命名的名字是不够的；还严格建议，这个名字甚至对自己的知己、对自己的配偶都要保守秘密。归根结底，每个人都要独自面对他的神，而且，尤其是在拥挤的家庭和团体中时，用符号象征这件事以严守秘密，被认为是很好的”[1]。

这意味着各个教派或者就此而言的宗教领域的组织与制度会消失吗？绝不是。然而，无论人们用以表达自己以及致力于终极存在的个人风格会是多么不同，还是有共同的符号，共同的符号库都会一直存在。不是还有尽管有差异但有着共同字母的语言吗？

在结束时，让我提醒自己首先是一名医学博士。日复一日，我
156 都面对着无法治愈的人、变得衰老的男人和仍然不育的女人。我被他们恳求苦难的终极意义这个问题的答案所包围。

我自己经历了这种暂时的苦难，当时我发现自己在集中营中，失去了我自己的第一本书的第一部手稿。后来，当我自己的死亡似

① Gordon W. Allport, *The Individual and His Religion*, The Macmillan Company, New York, 1956, pp. 10 ff.

乎就在眼前时，我问自己我的生命是为了什么。没有留下任何能让我活下去的东西，没有自己的孩子，甚至是像手稿这样精神上的孩子。但是，在与绝望搏斗了几个小时之后（因斑疹伤寒而颤抖），我最后问自己什么样的意义可以依靠，而不管我的手稿是否付印。我会对它毫不在乎。但是，如果有意义，那它就是无条件的意义，无论是苦难还是垂死都不能使它逊色。

而我们的患者所需要的，就是对无条件意义的无条件信念。记住我说过的生命短暂的话。在过去之中，没有任何东西是无可挽回地失去，而是所有的一切都被不能撤回地存储下来。人们只看到短暂这个麦茬田，却忽略了过去这个满满的谷仓，在过去之中，他们传送和存放，他们将其收获存储其中。

但是，那些可以说是谷仓空空的可怜虫，又如何呢？那些衰老的男人、那些不育的女人，以及那些书桌与抽屉都是空空的而不是手稿满满的艺术家与科学家，又如何呢？对无条件意义的无条件信念可以把完全的失败变成英雄的胜利。这一点是可能的，这不仅被我们时代的许多患者证明，而且还被圣经时代生活在巴勒斯坦某地的一位农民证明。按字面意义上说，他的谷仓就是谷仓。但是它们确实是空空的。然而，由于对终极意义的无条件信任和对终极存在的无条件信念，哈巴谷（Habakkuk）唱起他胜利的赞美诗： 157

“尽管无花果树不繁茂，葡萄树也不结果，橄榄树不生长，田地不出粮，圈中绝了羊，棚内没有牛，然而我会因主而欢欣，因救我的神而喜乐。”

可能这就是能从我书中所学习到的。

后记
意义治疗学的去权威化

我应邀为1980年在圣地亚哥举办的第一届意义治疗学世界大 158
会（World Congress of Logotherapy）致开幕词。本次活动的组织者明确了演讲的形式。我要详细描述——我直接引用——“我如何展望我去世之后的意义治疗”。换言之，我要发表告别演说，留下一笔遗产。但是，我并不是能预见意义治疗学未来的先知，更不是规定它的未来应该是什么样的权威。实际上，我为我的演讲选择的题目是“走向去权威化的意义治疗学”。

我是极其著名的拉比、布拉格的马哈拉尔（Maharal）的后代，他因小说《魔像》（*The Golem*）以及根据此小说改编的电影而著名。这位拉比是同时代的奥地利皇帝的挚友，魔像是这位拉比用泥土创造出来的机器人。然而，经过十几代人，已使得我与我的不祧之祖相隔离，与此同时，对创造机器人的关注都已消散。我既不对创造机器人感兴趣，也不对饲养只会一味重复主人话的鹦鹉感兴趣。但是，我的确希望得到这样的未来：意义治疗学事业由独立而有创造力、革新而富创造性的人来接管和开展。意义治疗学把人看作是追寻意义并为它的实现负责的存在。意义治疗学在使人意识到“是负有责任的”以及意识到他的“责任”方面看到了它自己的任务。这也适用于意义治疗师自身，因为，他也应该认识到他的责任。换言之，他的特征应该是一个独立的人。

159 要感谢鲁文·P·布尔卡（Reuven P. Bulka）[1]，对于指控意义治疗学是“极权主义”而进行了辩驳。在近来一本关于意义治疗学的书中，作者伊丽莎白·S·卢卡斯（Elisabeth S. Lukas）[2] 阐明，在整个心理治疗学的历史中，从未有一个学派像意义治疗学那样非教条。事实上，意义治疗学可以被称作一个开放的体系。然而，我们不仅承认它的开放性，同时也承认它是一个体系。毕竟，正如奥特加·伊·加塞特（Ortga y Gasset）所说的：“该体系是这位思想家的骄傲。”J. B. 托雷洛[3]甚至毫不犹豫地宣称，在心理治疗学的历史中，意义治疗学是最后一个其教学主体是按照有体系的组织结构进行发展的学派。

这并没有废除或者有损于我是“意义治疗学之父”，就像《存在主义精神病学》杂志称呼我的。就意义治疗学来说，父亲身份永远都是不确定的（*pater semper incertus*）这句拉丁格言是不适用的。不过，我是意义治疗学之父，或者让我们简单地说，创立者，意思仅仅是奠定了它的基础；反过来，基础的意思就是向其他人发出的在这个基础之上继续建造大楼的一个邀请。反复阅读我的书省得他们重复发明意义治疗，从而为他们分享它的未来发展节省了时间。

意义治疗学在双重意义上是一个开放的体系，因为它既对它自己的演变是开放的，对与其他学派的合作也是开放的。这种双重开放性已经初见成效，这一点被如下事实证明：到目前为止，不少于40个作者（没有包括我自己）已经出了57本关于意义治疗学的书，

---

① Reuven P. Bulka, “Is Logotherapy Authoritarian?” *Journal of Humanistic Psychology* 18 (4), 1978, 45 - 54.

② Elisabeth S. Lukas, *Auch dein Leben hat Sinn : Logotherapeutisch Wege zur Gesundung*, *Freiburg*, Herder, 1980.

③ J. B. Torello, “Viktor E. Frankl, l'homme,” in Viktor E. Frankl, *La psychotherapie et son image de l'homme*, Paris, Resma, 1970.

它们以15种语言出版，更不必说同样主题的112篇学位论文。所 160
有的作者都在不同的精致水平上前进——包括从通俗的而不是庸俗的文献，到经验取向的甚至是以实验为基础的作品的整个系列——而且他们正在朝不同方向前行。因为观点的差异有时导致相互背离的结果，我们会问："那么意义治疗学仍然是什么，而不再是什么？"我可以简单而轻松地回答这个问题，即声明纯粹而正确的意义治疗学恰恰就是你在我的书中所发现的东西。但是要向意义治疗师群体坦白，并不需要赞成弗兰克尔医生所说的或者所写的任何东西。

读者可以只运用他所发现的令人信服的东西。你不能使其他人相信任何你都没有使自己确信的东西！这特别适用于意义治疗师所深信的：生命确实有意义，它甚至是无条件地有意义的，直到生命的最后一刻，直到最后一口气，而且，死亡本身都可以被赋予意义。假如读者的确同意这个信念，他就可以在我的著作中找到所有他需要用来加强这个信念的论点。如果倾向于后一个立场，即生命是无条件地有意义的，我们就可以把这个助人行业重新定义为更具体地被要求在找到生命中的意义这个基本而终极的人类愿望方面帮助他们的患者。而通过这样做，那些属于助人行业的人为他们自己的生命追溯性地找到了使命与任务。当《美国名人录》（*Who's who in America*）的编辑请我用几行字概括我的一生时，我用这句话进行了概括，你可能会猜到："我在帮助其他人看到他们生命中的意义中看到了我自己的生命意义。"

意义治疗学的演变不仅关注它在各种领域的应用，而且还关注它的基础。许多作者已经做了大量工作，这些工作加强、巩固和证实了那些太长时间都是基于纯粹直觉理由之上的研究结果，更具体地说，基于一个名字叫维克多·E·弗兰克尔的青年的直觉之上的

161 研究结果。现在，意义治疗学已经被科学地建立在测验、统计法和实验的研究基础上：

1. 到目前为止，我们已有了瓦尔特·博克曼（Walter Bockmann）、詹姆斯·C·克伦博、伯纳德·丹萨特（Bernard Dansart）、布鲁诺·乔治（Bruno Giorgi）、露丝·哈布拉丝（Ruth Hablas）、R. R. 胡策尔（R. R. Hutzell）、杰拉尔德·科瓦契奇（Gerald Kovacic）、伊丽莎白·S·卢卡斯、伦纳德·T·马霍利克和帕特丽夏·L·斯塔克（Patricia L. Starck）等人的十套意义治疗测验。

2. 关于统计法，我们可以指出布朗（Brown）、卡夏尼（Casciani）、克伦博、丹萨特、杜尔拉克（Durlak）、克劳托奇维尔（Kratochvil）、卢卡斯、伦切福特（Lunceford）、梅森（Mason）、迈耶（Meier）、墨菲（Murphy）、普拉诺娃（Planova）、波皮耶尔斯基、里士满（Richmond）、罗伯茨（Roberts）、鲁赫（Ruch）、萨莱（Sallee）、史密斯（Smith）、亚内尔（Yarnell）和杨（Young）所得出的研究结果。他们的工作构成了实验证据，证明人们可以发现并且实现他们生命中的意义，而无论性别或年龄，IQ或教育背景，环境或性格结构，最后无论他是否信仰宗教，而如果他信的话，那也无论他可能属于哪个教派。作者们已经把从几千个被试那里获得的几十万个数据存入计算机，以便发现生命的无条件潜在意义性的实验证据。

不过，也用统计方法对相反方面进行了很多研究，即无意义感，或者不如说，起源于它的心灵性神经症。我提到的研究项目，尽管是彼此独立进行的，但还是得到了一致的结论，即大约20%的神经症在性质与起源上是心灵性的：如弗兰克·M·巴克利（Frank M. Buckley）、埃里克·克林格（Eric Klinger）、迪特里希·

兰根、伊丽莎白·S·卢卡斯、伊娃·尼鲍尔-科兹德拉（Eva Niebauer-Kozdera）、卡齐米日·波皮耶尔斯基、汉斯·乔基姆·普里尔（Hans Joachim Prill）、尼娜·托尔（Nina Toll）、露丝·福尔哈德和 T. A. 沃纳（T. A. Werner）等人的工作。

3. 关于实验，L. 绍约姆（L. Solyom）、F. 加尔萨-佩雷斯（F. Garza-Perez）、B. L. 莱德威奇（B. L. Ledwidge）和 C. 绍约姆（C. Solyom）[①] 提供了最早的实验证据，证明矛盾意向这个意义治 162
疗技术是有效的。最近，L·迈克尔·阿舍尔（L. Michael Ascher）和拉尔夫·M·特纳（Ralph M. Turner）[②] 已经提出对矛盾意向的临床效果与其他行为策略进行比较的控制实验验证。

我们既认识到意义治疗学的科学基础，我们也意识到它所造成的损失。我怀疑意义治疗学已经变得过于科学化，以至于在这个词的本来意义上说已变得不太大众化。讽刺的是，它太过于革命性，以至于在科学界不是完全可以被接受。这不足为奇。作为人的基本动机的意义意志概念是给当前所有动机理论的一记耳光，这些理论仍然是基于体内平衡原则之上，把人看作是只是出于使驱力与本能满意、使需要满足而且所有这些仅仅是为了保持或者恢复内部平衡——没有紧张的一种状态——的存在。他看似爱着的所有其他人、他看似效力的所有事业，都被看作是他用来摆脱那些只要驱力与本能和需要没有得到满意和满足就会引起的紧张的纯粹工具。换言之，意义治疗学所认为的人类存在的本质——自我超越——已经

---

① L. Solyom, J. Garza-Perez, B. L. Ledwidge and C. Solyom, "Paradoxical Intention in the Treatment of Obsessive Thoughts: A Pilot Study," *Comprehensive Psychiatry* 13 (3), 1972, 291 - 297.

② Ralph M. Turner and L. Michael Ascher, "Controlled Comparison of Progressive Relaxation, Stimulus Control, and Paradoxical Intention Therapies for Insomnia," *Journal of Consulting and Clinical Psychology* 47 (3), 1979, 500 - 508; L. Michael Ascher and Ralph M. Turner, "A Comparison of Two Methods for the Administration of Paradoxical Intention," *Behav. Res. and Therapy* 18, 1980, 121 - 126.

被完全从基于当前动机理论的人之图景中略去。然而，人既不是一个只发泄他的本能的存在，也不是只对刺激作出反应的存在，他是一个融入世界的存在，一个“在世存在”［使用（往往被误解的）海德格尔的术语］，而他身在其中的这个世界，是一个充满了其他
163 存在和那些他自己正在超越的意义的世界。但是，如果我们不接受一种聚焦于意义意志作为其动机的人之观点，那我们如何能把握我们时代那些根植于意义意志挫败的疾病和痛苦呢？

然而，具有革命性的不仅仅是意义治疗学的意义意志概念，而且还有其生命意义的概念。实际上，意义治疗师已经打破了禁忌：在尼古拉斯·莫斯利（Nicholas Mosley）的小说中，作者写道：“现今有一个主题，它是禁忌，就如同性曾是禁忌一样，那就是谈论生命就好像它有什么意义。”① 意义治疗师敢于谈论生命始终是有意义的。不用说，在心灵性神经症或者就此而言的存在挫败的案例中，这是强制性的。在这一点上，意义治疗适用于特定疗法，或者，用专业的医学术语表达是“选择法”。

于是，还有决定特定案例中的治疗这个问题。我并不厌烦说明在每个给定实例中的选择法可归结为有两个未知数的方程式：

$$\psi = x + y$$

x 代表患者的独特人格，而 y 代表治疗师同样的独特人格。换言之，并不是每一种方法都能够以同样的成功适用于每一位患者，也并不是每一位治疗师都能够以同样的成功运用每一种方法。关于使方法适合于患者，伟大的精神病学家比尔德（Beard）曾说过：“如果你用同一种方法治疗两例神经衰弱症，那你至少错误治疗了其中一例。”而关于使方法适合于治疗师，另一位著名的精神病学

① Nicholas Mosley, *Natalie Natalia*, New York, Coward, McCann and Geoghegan.

家在谈到他引入精神病学中的那个方法时曾说过：“这个技术已被证明是唯一适合我的个性的方法；我不敢否认一位完全不同的医生可能会觉得有必要对他所面对的患者与任务采取不同的态度。”说这句话的那个人就是西格蒙德·弗洛伊德。[①] 164

意义治疗不会变得太个人化。方法必须因不同的人和不同的情境进行修正。意义治疗师们不仅要个人化，还要即兴创作。治疗师可以学习这些技能，最好是通过课堂环境中的案例演示，也可以通过出作品。相信我，在全世界最优秀的意义治疗师中，有一些人我从未见过面，我也从未与他们通过信。而他们发表了有关他们成功应用意义治疗的作品，他们的工作仅仅以阅读我的书为基础！甚至还有人也只是在阅读了有关这个主题的一本书之后，就非常成功地把意义治疗应用于自己身上。他们因为其创新值得赞扬，可以把这种创新称作自主文献意义治疗（auto-biblio-logotherapy）。

从我以前所说的任何话，都可以得出结论：意义治疗不是万应灵药。而从这一点，又可以得出结论：意义治疗不仅是“对与其他学派的合作是开放的”，而且它与其他技术的结合应该受到鼓励与欢迎。那样，它的效力就能得以扩大。阿纳托尔·布鲁瓦亚尔（Anatole Broyard）[②] 在他对我的其中一本书的评论中说：“如果‘收缩’（shrink）是指弗洛伊德学派的分析师的俚语，那么意义治疗应该被称作‘伸展’（stretch）。”他是正确的。所以让我们伸展意义治疗的范围。或者不如说，让我们继续这样做。

不过，方法并不是全部情况。心理治疗始终都不仅仅是纯粹的技术，它还一定要包含智慧元素。艺术与智慧构成一种完整与统一，在其中，诸如技术与会心之间的那种二分法消融了。这样的极

① Sigmund Freud，引自 Sandoz Psychiatric Spectator，2（1）。
② Anatole Broyard，*The New York Times*，November 26，1975.

端构成了仅仅是特殊情况中的心理治疗干预的可行依据。通常，心理治疗包含的组成部分，一方面是策略，而另一方面是我—你关系。

165 有一位美国女孩[①]，她是学音乐的学生，在维也纳时找我作分析。因为她讲了一句不折不扣的俚语，我一个字都无法理解，所以我就试图把她移交给一位美国医生，以便让他为我找到是什么促使她来寻求我的指导。然而，她并没有向他咨询，当我们在街上相遇时，她解释说："要知道，医生，我一对你讲了我的问题，我就感觉到如释重负，我不再需要帮助了。"所以我甚至到现在都不知道她为什么来找我分析。

下面的故事是另一个极端。[②] 1941年，一天早晨我接到盖世太保的电话，要求我去总部。我到了那里，以为会被立即送往集中营。一位盖世太保正在其中一间办公室内等着我；他开始对我盘问。不过，不久他就改变了主题，开始询问我诸如以下的话题：什么是心理治疗？什么是神经症？如何治疗恐惧症？之后他开始详细描述具体状况——"他的朋友"的状况。与此同时，我推测他想要和我探讨的正是他自己的状况。我开始短程治疗（更具体地说，我运用了矛盾意向这个意义治疗技术）；我建议他告诉"他的朋友"，一旦焦虑发生，他应该这样做。这次治疗会谈不是基于我—你关系，而是基于我—他关系。这位盖世太保让我待了几个小时，而我继续以这种间接方式治疗他。这次短程治疗有什么样的效果，我自然无法知晓。就我的家人和我自己来说，它此时是救命的，因为我们得到允许在被送往集中营之前在维也纳待一年。

---

① Viktor E. Frankl, *Psychotherapy and Existentialism: Selected Papers on Logotherapy*, New York, Touchstone, 1978.

② *Ibid.*

我想要传达的是，技术不能被轻蔑地抛弃。然而，关于矛盾意向这个意义治疗技术，L·迈克尔·阿舍尔把它称作独特的东西：“大多数治疗方法都有特定的技术，而这些技术对于其他替代的也 166
是不相关的治疗体系，并不是特别有用。但是，在这个观察中有一个显著的例外，即矛盾意向。它是一个例外，因为，许多代表着种种完全不同的心理治疗取向的专业人士，都在实践中和理论上把这个干预整合到他们的体系之中。”① 他可能是正确的。

我并不反对这种“整合”。意义治疗师治疗患者，并不是为了提高意义治疗的声望，而是为了患者的利益。

不过，现在，不是展望意义治疗学的未来，而是让我们回顾它的过去。事实证明，欧内斯特·海克尔（Earnest Haeckel）的生物发生律——根据这一定律，个体发生是种系发生的删节版——同样也适用于意义治疗学——一些作者所称的“维也纳第三心理治疗学派”。无论如何，我都与弗洛伊德学派和阿德勒学派有联系。做高中生时，我与西格蒙德·弗洛伊德通过信，而做医学生时，我与他见了面。早在1924年，他就把我的一篇论文在他的《国际精神分析杂志》上发表了，不到一年以后，1925年，我在阿尔弗雷德·阿德勒的《国际个体心理学杂志》上发表了一篇论文。当然，两年后，他坚持把我开除出阿德勒学派——我太过异端了。

但是，每一个心理治疗学派的创立者归根结底都在他的体系中描述了他自己的神经症，在他的书中写了他自己的病史，对于这个论点，又如何呢？当然，就此而言，我无权谈及弗洛伊德或者阿德勒，但是，就意义治疗而言，我乐意承认，我年轻时经历了对于生命明显无意义的绝望地狱，经过完全而最终的虚无主义，直到我能

① L. Michael Ascher, “Paradoxical Intention,” *Handbook of Behavior Interventions*, A. Goldstein and E. B. Foa, eds., New York, Wiley, 1980.

167 够发展出对虚无主义的免疫力。我提出了意义治疗学。遗憾的是，其他作者，不是让他们的读者对虚无主义具有免疫力，而是用他们自己的犬儒主义给他们做预防注射，犬儒主义是他们对抗他们自己的虚无主义而建立的一种防御机制，或者，一种反向形成。①

这是令人遗憾的事，因为，与以往任何时候相比，如今对于生命明显无意义的绝望已经成为世界范围内的一个紧迫的热点问题。我们的工业社会设法满足每一个需要，而我们的消费社会甚至创造出一些需要来满足它们。然而，最重要的需要，对意义的基本需要，仍然——往往——被忽视和忽略。而它是如此“重要”，因为，一旦人的意义意志得以实现，他就能够忍受痛苦，妥善处理挫败和紧张，而且——如果有必要的话——他准备献身。对于这一点，只需看看整个历史上和当代的各种政治抵抗运动。另一方面，如果人的意义意志被挫败，他就同样会想要了他的命，即使他这样做时身处所有的福利和富裕之中。对于这一点，只需看看诸如瑞典和奥地利这类典型的福利国家中那些令人惊愕的自杀的人。

十年前，《美国精神病学杂志》在评论我的一本书时，描述意义治疗的启示是“对无条件意义的无条件信仰”，并且提出这个问题：“当我们进入 1970 年，什么会是更关切的?”进入 20 世纪 80 年代，阿瑟·G·沃思（Arthur G. Wirth）② 表达了他的信念：“意义治疗在这个关键的转型中有着特殊的关切。”他所说的转型的意思是向“后石油社会”的转变。事实上，我认为，诸如能源短缺这类危机，不仅带来了危害，而且还带来了机遇。它们可能激励着把着重点从纯粹的工具向意义的转换，从物质商品向存在需要的转换。

---

① Viktor E. Frankl, *The Unheard Cry for Meaning : Psychotherapy and Humanism*, New York, Touchstone, 1979.

② Arthur G. Wirth, "Logotherapy and Education in a Post-Petroleum Society," *The International Forum for Logotherapy* 2 (3), 1980, 29 - 32.

能源会有短缺，但生命永远都不会变得缺少意义。如果有诸如“意 168
义治疗学运动”这样的事情，就像一些作者们所主张的，它肯定属于人类权利运动。它聚焦于人类对于生命尽可能有意义的权利。

我用如下这句话结束了我的第一本书，即意义治疗学“虽然是无人之地，然而却是希望之地”！当然，这是许多年前的事了。在此期间，无人之地已经有人居住。而且，它的全体居民的工作证明，“希望”正在实现之路上。

主要英文参考文献

1. 著作

Bulka, Reuven P., *The Quest for Ultimate Meaning: Principles and Applications of Logotherapy*. Foreword by Viktor E. Frankl. New York, Philosophical Library, 1979.

Crumbaugh, James C., *Everything to Gain: A Guide to Self-fulfillment Through Logoanalysis*. Chicago, Nelson-Hall, 1973.

Crumbaugh, James C., William M. Wood, and W. Chadwick Wood, *Logotherapy: New Help for Problem Drinkers*. Foreword by Viktor E. Frankl. Chicago, Nelson-Hall, 1980.

Fabry, Joseph B., *The Pursuit of Meaning: Viktor Frankl, Logotherapy, and Life*. Preface by Viktor E. Frankl. Boston, Beacon Press, 1968; New York, Harper & Row, 1980.

Fabry, Joseph B., Reuven P. Bulka, and William S. Sahakian, eds., *Logotherapy in Action*. Foreword by Viktor E. Frankl. New York, Jason Aronson, Inc., 1979.

Frankl, Viktor E., *The Doctor and the Soul: From Psychotherapy to Logotherapy*. New York, Alfred A. Knopf, Inc.; second, expanded edition, 1965; paperback edition, New York, Vintage Books, 1986.

Frankl, Viktor E., *Man's Search for Meaning: An Introduction to Logotherapy*. Preface by Gordon W. Allport. Boston, Beacon Press, 1959; paperback edition, New York, Pocket Books, 1987.

Frankl, Viktor E., *Psychotherapy and Existentialism: Selected Papers on Logotherapy*. New York, Washington Square Press, 1985.

Frankl, Viktor E., *The Will to Meaning: Foundations and Applications of Logotherapy*. New York and Cleveland, The World Publishing Company, 1969; paperback edition, New York, New American Library, 1981.

Frankl, Viktor E., *The Unconscious God: Psychotherapy and Theology*. New York, Simon and Schuster, 1985.

Frankl, Viktor E., *The Unheard Cry for Meaning: Psychotherapy and Humanism*. New York, Simon and Schuster, 1985.

Frankl, Viktor E., *Synchronization in Buchenwald*, a play, offset, $5.00 (with an introductory audiotape $9.00). Available at the Institute of Logotherapy, P.O. Box 2852, Saratoga, CA 95070.

Jones, Frederic H., and Judith K. Jones, *Viktor Frankl's Logotherapy. The Proceedings of the Fifth World Congress of Logotherapy*. Berkeley, Institute of Logotherapy Press, 1986.

Lazar, Edward, Sandra A. Wawrytko, and James W. Kidd, eds., *Viktor Frankl, People and Meaning: A Commemorative Tribute to the Founder of Logotherapy on His Eightieth Birthday*. San Francisco, Golden Phoenix Press, 1985.

Leslie, Robert C., *Jesus and Logotherapy: The Ministry of Jesus as Interpreted Through the Psychotherapy of Viktor Frankl*. New York and Nashville, Abingdon Press, 1965; paperback edition, 1968.

Lukas, Elisabeth, *Meaningful Living. Logotherapeutic Guide to Health*. Foreword by Viktor E. Frankl. New York; Grove Press, 1986.

Lukas, Elisabeth, *Meaning in Suffering: Comfort in Crisis Through Logotherapy*. Berkeley, Institute of Logotherapy Press, 1986.

Takashima, Hiroshi, *Psychomatic Medicine and Logotherapy*. Foreword by Viktor E. Frankl. Oceanside, New York, Dabor Science Publications, 1977.

Takashima, Hiroshi, *Humanistic Psychosomatic Medicine. A Logotherapy Book*. Berkeley, Institute of Logotherapy Press, 1985.

Tweedie, Donald F., *Logotherapy and the Christian Faith: An Evaluation of Frankl's Existential Approach to Psychotherapy*. Preface by Viktor E. Frankl. Grand Rapids, Baker Book House, 1961; paperback edition, 1972.

Tweedie, Donald F., *The Christian and the Couch: An Introduction to Christian Logotherapy*. Grand Rapids, Baker Book House, 1963.

Ungersma, Aaron J., *The Search for Meaning: A New Approach in Psychotherapy and Pastoral Psychology*. Philadelphia, Westminster Press, 1961; paperback edition, Foreword by Viktor E. Frankl, 1968.

Wawrytko, Sandra A., ed., *Analecta Frankliana: The Proceedings of the First World Congress of Logotherapy (1980)*. Berkeley, Institute of Logotherapy Press, 1982.

2. 著作中的章节

Ascher, L. Michael, "Paradoxical Intention," in *Handbook of Behavioral Interventions*, A. Goldstein and E. B. Foa, eds. New York, John Wiley, 1980.

Ascher, L. Michael, and C. Alex Pollard, "Paradoxical Intention," in *The Therapeutic Efficacy of the Major Psychotherapeutic Techniques*, Usuf Hariman, ed., Springfield, Charles C. Thomas, 1983.

Ascher, L. Michael, Michael R. Bowers, and David E. Schotte, "A Review of Data from Controlled Case Studies and Experiments Evaluating the Clinical Efficacy of Paradoxical Intention," in *Promoting Change Through Paradoxical Therapy*, Gerald R. Weeks, ed. Homewood, IL, Dow Jones-Irwin, 1985, pp. 99–110.

Ascher, L. Michael, and Robert A. DiTomasso, "Paradoxical Intention in Behavior Therapy: A Review of the Experimental Literature," in *Evaluating Behavior Therapy Outcome*, Ralph McMillan Turner and L. Michael Ascher, eds. New York, Springer, 1985.

Frankl, Viktor E., "The Philosophical Foundations of Logotherapy" (paper read before the first Lexington Conference on Phenomenology on April 4, 1963), in *Phenomenology: Pure and Applied*, Erwin Straus, ed. Pittsburgh, Duquesne University Press, 1964.

Frankl, Viktor E., "Reductionism and Nihilism," in *Beyond Reductionism: New Perspectives in the Life Sciences* (The Alpbach Symposium, 1968), Arthur Koestler and J. R. Smythies, eds. New York, Macmillan, 1970.

Frankl, Viktor E., "Man's Search for Ultimate Meaning," in *On the Way to Self-Knowledge*, Jacob Needleman, ed. New York, Alfred A. Knopf, Inc., 1976.

Frankl, Viktor E., "Logotherapy," in *The Psychotherapy Handbook*, Richie Herink, ed. New York, New American Library, 1980.

Frankl, Viktor E., "Opening Address to the First World Congress of Logotherapy: Logotherapy on Its Way to Degurufication," in *Analecta Frankliana: The Proceedings of the First World Congress of Logotherapy (1980)*, Sandra A. Wawrytko, ed., Berkeley, Institute of Logotherapy Press, 1982.

Frankl, Viktor E., "Logotherapy," in *Encyclopedia of Psychology*, Raymond J. Corsini, ed. Volume 2. New York, John Wiley, 1984.

Frankl, Viktor E., "Paradoxical Intention," in *Promoting Change Through Paradoxical Therapy*, Gerald R. Weeks, ed. Homewood, IL, Dow Jones-Irwin, 1985.

Frankl, Viktor E., "Logos, Paradox, and the Search for Meaning," in *Cognition and Psychotherapy*, Michael J. Mahoney and Arthur Freeman, eds. New York, Plenum Press, 1985.

Marks, Isaac M., "Paradoxical Intention ('Logotherapy')," in *Fears and Phobias*. New York, Academic Press, 1969.

Marks, Isaac M., "Paradoxical Intention," in *Behavior Modification*, W. Stewart Agras, ed. Boston, Little, Brown and Company, 1972.

Marks, Isaac M., "Paradoxical Intention (Logotherapy)," in *Encyclopaedic Handbook of Medical Psychology*, Stephen Krauss, ed. London and Boston, Butterworth, 1976.

Maslow, Abraham H., "Comments on Dr. Frankl's Paper," in *Readings in Humanistic Psychology*, Anthony J. Sutich and Miles A. Vich, eds. New York, The Free Press, 1969.

Sahakian, William S., "Viktor Frankl," in *History of Psychology*. Itasca, IL, F. E. Peacock Publishers, Inc., 1968.

Schultz, Duane P., "The Self-Transcendent Person: Frankl's Model," in *Growth Psychology: Models of the Healthy Personality*. New York, Van Nostrand Reinhold, 1977.

Schultz, Duane P., "Frankl's Model of the Self-Transcendent Person," in *Psychology in Use: An Introduction to Applied Psychology*. New York, Macmillan, 1979.

Seltzer, Leon F., "Paradoxical Intention," in *Paradoxical Strategies in Psychotherapy*, New York, John Wiley, 1986.

Spiegelberg, Herbert, "Viktor Frankl: Phenomenology in Logotherapy and Existenzanalyse," in *Phenomenology in Psychology and Psychiatry*. Evanston, IL, Northwestern University Press, 1972.

Weeks, Gerald R., and Luciano L'Abate, "Research on Paradoxical Intention," in *Paradoxical Psychotherapy*. New York, Brunner/Mazel, 1982.

Williams, David A., and Joseph Fabry, "The Existential Approach: Logotherapy," in *Basic Approaches to Group Psychotherapy and Group Counseling*, George M. Gazda, ed., Springfield, Charles C. Thomas, 1982.

3. 论文及各类文章

Addad, Moshe, "Psychogenic Neuroticism and Noogenic Self-Strengthening." *The International Forum for Logotherapy*, Volume 10, Number 1, Spring-Summer 1987, 52–59.

Ansbacher, Rowena R., "The Third Viennese School of Psychotherapy." *Journal of Individual Psychology*, XV 1959, 236–37.

Ascher, L. Michael, "Employing Paradoxical Intention in the Behavioral Treatment of Urinary Retention." *Scandinavian Journal of Behavior Therapy*, Volume 6, Supplement 4, 1977, 28.

Ascher, L. Michael, "Paradoxical Intention: A Review of Preliminary Research." *The International Forum for Logotherapy*, Volume 1, Number 1, Winter 1978–Spring 1979, 18–21.

Ascher, L. Michael, "Paradoxical intention in the treatment of urinary retention." *Behavior Research & Therapy*, Volume 17, 1979, 267–270.

Ascher, L. Michael, "Paradoxical Intention Viewed by a Behavior Therapist." *The International Forum for Logotherapy*, Volume 2, Number 3, Spring 1980, 13–16.

Ascher, L. Michael, "Application of Paradoxical Intention by Other Schools of Therapy." *The International Forum for Logotherapy*, Volume 4, Number 1, Spring-Summer 1981, 52–55.

Ascher, L. Michael, "Employing paradoxical intention in the treatment of agoraphobia." *Behavior Research & Therapy*, 19, 1981, 533–542.

Ascher, L. Michael, and Jay S. Efran, "Use of Paradoxical Intention in a Behavior Program for Sleep Onset Insomnia." *Journal of Consulting and Clinical Psychology*, 46, 1978, 547–550.

Ascher, L. Michael, David E. Schotte, and John B. Grayson, "Enhancing Effectiveness of Paradoxical Intention in Treating Travel Restriction in Agoraphobia." *Behavior Therapy* 17, 1986, 124–130.

Ascher, L. Michael, and Ralph MacMillan Turner, "Paradoxical Intention and Insomnia: An Experimental Investigation." *Behavior Research & Therapy*, Volume 17, 1979, 408–411.

Ascher, L. Michael, and Ralph MacMillan Turner, "A comparison of two methods for the administration of paradoxical intention." *Behavior Research & Therapy*, Volume 18, 1980, 121–126.

Boeringa, J. Alexander, "Blushing: A Modified Behavioral Intervention Using Pardoxical Intention." *Psychotherapy: Theory, Research and Practice*, Volume 20, Number 4, Winter 1983, 441–444.

Carter, Robert E., "The Ground of Meaning: Logotherapy, Psychotherapy, and Kohlberg's Developmentalism." *The International Forum for Logotherapy*, Volume 9, Number 2, Fall-Winter 1986, 116–124.

Chakravarti, Sitansu S., "Hinduism and Logotherapy." *The International Forum for Logotherapy*, Volume 10, Number 1, Spring-Summer 1987, 44–45.

Cohen, David, "The Frankl Meaning." *Human Behavior*, Volume 6, Number 7, July 1977, 56–62.

Crumbaugh, James C., "The Seeking of Noetic Goals Test (SONG): A Complementary Scale to the Purpose in Life Test (PIL)." *Journal of Clinical Psychology*, July 1977, Volume 33, Number 3, 900–907.

Crumbaugh, James C., and Leonard T. Maholick, "An Experimental Study in Existentialism: The Psychometric Approach to Frankl's Concept of Noogenic Neurosis." *Journal of Clinical Psychology*, XX, 1964, 200–207.

Dansart, Bernard, "Development of a Scale to Measure Attitudinal Values as Defined by Viktor Frankl." Dissertation, Northern Illinois University, De Kalb, 1974.

"The Doctor and the Soul: Dr. Viktor Frankl." *Harvard Medical Alumni Bulletin*, XXXVI, Number 1, Fall 1961, 8.

Eisner, Harry R., "Purpose in Life as a Function of Locus of Control and Attitudinal Values: a Test of Two of Viktor Frankl's Concepts." Dissertation, Marquette University, 1978.

Eng, Erling, "The Akedah, Oedipus, and Dr. Frankl." *Psychotherapy: Theory, Research and Practice*, Volume 16, Number 3, Fall 1979, 269–271.

Fabry, Joseph, "Some Practical Hints About Paradoxical Intention." *The International Forum for Logotherapy*, Volume 5, Number 1, Spring-Summer 1982, 25–30.

Finck, Willis C., "The Viktor E. Frankl Merit Award." *The International Forum for Logotherapy*, Volume 5, Number 2, Fall-Winter 1982, 73.

Frankl, Viktor E., "Logos and Existence in Psychotherapy." *American Journal of Psychotherapy*, VII, 1953, 8–15.

Frankl, Viktor E., "The Concept of Man in Psychotherapy" (paper read before the Royal Society of Medicine, Section of Psychiatry, London, England, June 15, 1954). *Pastoral Psychology*, VI, 1955, 16–26.

Frankl, Viktor E., "On Logotherapy and Existential Analysis" (paper read before the Association for the Advancement of Psychoanalysis, New York, April 19, 1957). *American Journal of Psychoanalysis*, XVIII, 1958, 28–37.

Frankl, Viktor E., "The Search for Meaning." *Saturday Review* September 13, 1958.

Frankl, Viktor E., "The Spiritual Dimension in Existential Analysis and Logotherapy" (paper read before the Fourth International Congress of Psychotherapy, Barcelona, September 5, 1958). *Journal of Individual Psychology*, XV, 1959, 157–65.

Frankl, Viktor E., "Paradoxical Intention: A Logotherapeutic Technique" (paper read before the American Association for the Advancement of Psychotherapy, New York, February 26, 1960). *American Journal of Psychotherapy*, XIV, 1960, 520–35.

Frankl, Viktor E., "Logotherapy and Existential Analysis: A Review" (paper read before the Symposium on Logotherapy, 6th International Congress of Psychotherapy, London, August 26, 1964). *American Journal of Psychotherapy*, XX, 1966, 252–60.

Frankl, Viktor E., "Logotherapy." *The Israel Annals of Psychiatry and Related Disciplines*, VII, 1967, 142–55.

Frankl, Viktor E., "The Feeling of Meaninglessness: A Challenge to Psychotherapy." *The American Journal of Psychoanalysis*, XXXII, Number 1, 1972, 85–89.

Frankl, Viktor E., "Encounter: The Concept and Its Vulgarization." *The Journal of the American Academy of Psychoanalysis*, I, Number 1, 1973, 73–83.

Frankl, Viktor E., "Endogenous Depression and Noogenic Neurosis." *The International Forum for Logotherapy*, Volume 2, Number 2, Summer-Fall, 1979, 38–40.

Frankl, Viktor E., "Psychotherapy on Its Way to Rehumanization." *The International Forum for Logotherapy*, Volume 3, Number 2, Fall 1980, 3–9.

Frankl, Viktor E., "The Future of Logotherapy." *The International Forum for Logotherapy*, Volume 4, Number 2, Fall-Winter 1981, 71–78.

Frankl, Viktor E., "The Meaning Crisis in the First World and Hunger in the Third World." *The International Forum for Logotherapy*, Volume 7, Number 1, Spring-Summer 1984, 5–7.

Frankl, Viktor E., "Science, Man and Meaning" (Opening lecture at the 8th International Congress on Fibrinolysis, Vienna, August 25–29, 1986). *Fibrinolysis* (1987) 1, 13–16.

Frankl, Viktor E. "On the Meaning of Love." *The International Forum for Logotherapy*, Volume 10, Number 1, Spring-Summer 1987, 5–8.

Garfield, Charles A., "A Psychometric and Clinical Investigation of Frankl's Concept of Existential Vacuum and of Anomie." *Psychiatry*, XXXVI, 1973, 396–408.

Gerz, Hans O., "The Treatment of the Phobic and the Obsessive-Compulsive Patient Using Paradoxical Intention sec. Viktor E. Frankl." *Journal of Neuropsychiatry*, III, Number 6, July–August 1962, 375–87.

Gerz, Hans O., "Experience with the Logotherapeutic Technique of Paradoxical Intention in the Treatment of Phobic and Obsessive-Compulsive Patients" (paper read at the Symposium of Logotherapy at the 6th International Congress of Psychotherapy, London, August 1964). *American Journal of Psychiatry*, CXXIII, Number 5, November 1966, 548–53.

Giorgi, Bruno, "The Belfast Test: A New Psychometric Approach to Logotherapy." *The International Forum for Logotherapy*, Volume 5, Number 1, Spring-Summer 1982, 31–37.

Greenberg, R. P., and R. Pies, "Is paradoxical intention risk-free?" *Journal of Clinical Psychiatry* 44, 1983, 66–69.

Hall, Mary Harrington, "A Conversation with Viktor Frankl of Vienna." *Psychology Today*, I, Number 9, February 1968, 56–63.

Hatcher, Gordon, "A Study of Viktor E. Frankl's and Karl A. Menninger's Concepts of Love." Dissertation, University of the Pacific, Stockton, California, 1968.

Havens, Leston L., "Paradoxical Intention." *Psychiatry and Social Science Review*, II, 1968, 16–19.

Holmes, R. M., "Meaning and Responsibility: A Comparative Analysis of the Concept of the Responsible Self in Search of Meaning in the Thought of Viktor Frankl and H. Richard Niebuhr with Certain Implications for the Church's Ministry to the University." Doctoral dissertation, Pacific School of Religion, Berkeley, California, 1965.

Hsu, L. K. George, and Stuart Lieberman, "Paradoxical Intention in the Treatment of Chronic Anorexia Nervosa." *American Journal of Psychiatry* 139, 1982, 650–653.

Hutzell, Robert R., and Thomas J. Peterson, "An MMPI Existential Vacuum Scale for Logotherapy Research." *The International*

Forum for Logotherapy, Volume 8, Number 2, Fall-Winter 1985, 97–100.

Hyman, William, "Practical Aspects of Logotherapy in Neurosurgery." *Existential Psychiatry*, VIII, 1969, 99–101.

Kaczanowski, Godfryd, "Frankl's Logotherapy." *American Journal of Psychiatry*, CXVII, 1960, 563.

Kalmar, Stephen S., "The Viktor E. Frankl Scholarship 1983." *The International Forum for Logotherapy*, Volume 6, Number 2, Fall-Winter 1983, 84–85.

Klapper, Naomi, "On Being Human: A Comparative Study of Abraham J. Heschel and Viktor Frankl." Doctoral dissertation, Jewish Theological Seminary of America, New York, 1973.

Kovacs, George, "The Philosophy of Death in Viktor E. Frankl." *Journal of Phenomenological Psychology*, Volume 13, Number 2, Fall 1982, 197–209.

Kovacs, George, "Viktor E. Frankl's place in Philosophy." *The International Forum for Logotherapy*, Volume 8, Number 1, Spring-Summer 1985, 17–21.

Ladouceur, R., and Y. Gros-Louis: "Paradoxical intention vs. stimulus control in the treatment of severe insomnia." *Journal of Behavior Therapy and Experimental Psychiatry* 17, 1986, 267–269.

Lamb, C. S., "The use of paradoxical intention: Self-management through laughter." *Personal and Guidance Journal*, 59, 1980, 217–219.

Lamontagne, Ives, "Treatment of Erythrophobia by Paradoxical Intention." *The Journal of Nervous and Mental Disease*, Volume 166, Number 4, 1978, 304–306.

Lantz, James E., "Dereflection in Family Therapy with Schizophrenic Clients." *The International Forum for Logotherapy*, Volume 5, Number 2, Fall-Winter 1982, 119–122.

Lantz, James, "Family Logotherapy." *Contemporary Family Therapy*, 8, 1986, 124–135.

Lantz, James, "Franklian Family Therapy." *The International Forum for Logotherapy*, Volume 10, Number 1, Spring-Summer 1987, 22–28.

Lantz, James, and John Belcher, "Schizophrenia and the Existential Vacuum." *The International Forum for Logotherapy*, Volume 10, Number 1, Spring-Summer 1987, 17–21.

Lazar, Edward, "Logotherapeutic Support Groups for Cardiac Patients." *The International Forum for Logotherapy*, Volume 7, Number 2, Fall-Winter 1984, pp. 85–88.

Leslie, Robert C., "Viktor Frankl and C. G. Jung." *Shiggaion*, Volume X, Number 2, December 1961.

Levinson, Jay Irwin, "A Combination of Paradoxical Intention and Dereflection," *The International Forum for Logotherapy*, Volume 2, Number 2, Summer-Fall 1979, 40–41.

Lukas, Elisabeth S., "New Ways for Dereflection." *The International Forum for Logotherapy*, Volume 4, Number 1, Spring-Summer, 1981, 13–28.

Lukas, Elisabeth S., "Validation of Logotherapy." *The International Forum for Logotherapy*, Volume 4, Number 2, Fall-Winter 1981, 116–125.

Lukas, Elisabeth, "The 'Birthmarks' of Paradoxical Intention." *The International Forum for Logotherapy*, Volume 5, Number 1, Spring-Summer 1982, 20–24.

Lukas, Elisabeth, "Logotherapy: Healing through Meaning." *The International Forum for Logotherapy*, Volume 10, Number 1 Spring-Summer 1987, 9–16.

Mahoney, Michael J., "Paradoxical Intention, Symptom Prescription, and Principles of Therapeutic Change." *The Counseling Psychologist*, Volume 4, Number 2, April 1986, 283–290.

Maslow, A. H., "Comments on Dr. Frankl's Paper." *Journal of Humanistic Psychology*, VI, 1966, 107–12.

Mavissakalian, M., Michelson, L., D. Greenwald, S. Kornblith, and M. Greenwald, "Cognitive-behavioral treatment of agoraphobia: Paradoxical intention vs. self-statement training." *Behavior Research & Therapy*, 1983, 21, 75–86.

"Meaning in Life." *Time*, February 2, 1968, 38–40.

Meier, Augustine, "Frankl's 'Will to Meaning' as Measured by the Purpose-in-Life Test in Relation to Age and Sex Differences." *Journal of Clinical Psychology*, XXX, 1974, 384–86.

Michelson, L., and M. A. Ascher, "Paradoxical Intention in the treatment of agoraphobia and other anxiety disorders." *J. Behav. Ther. Exp. Psychiatry* 15, 1984, 215–220.

Milan, M. A., and D. J. Kolko, "Paradoxical intention in the treatment of obsessional flatulence ruminations." *J. Behav. Ther. Exp. Psychiatry*, XIII, 1982, 167–172.

Minton, Gary, "A Comparative Study of the Concept of Conscience in the Writings of Sigmund Freud and Viktor Frankl." Dissertation, New Orleans Baptist Theological Seminary, 1967.

Murphy, Leonard: "Extent of Purpose-in-Life and Four Frankl Proposed Life Objectives." Doctoral dissertation in Department of Psychology, University of Ottawa, 1967.

Nackord, Ernest J., Jr., "A College Test of Logotherapeutic Concepts." *The International Forum for Logotherapy*, Volume 6, Number 2, Fall-Winter 1983, 117–122.

Newton, Joseph R., "Therapeutic Paradoxes, Paradoxical Intentions, and Negative Practice." *American Journal of Psychotherapy*, XXII, 1968, 68–81.

Noonan, J. Robert, "A Note on an Eastern Counterpart of Frankl's Paradoxical Intention." *Psychologia*, XII, 1969, 147–49.

O'Connell, Walter E., "Viktor Frankl, the Adlerian?" *Psychiatric Spectator*, Volume VI, Number 11, 1970, 13–14.

Okechukwu Iwundu, Charles, "Pedagogy and Logotherapy." *The International Forum for Logotherapy*, Volume 10, Number 1, Spring-Summer 1987, 60–62.

Ott, B. D., "The efficacy of paradoxical intention in the treatment of sleep onset insomnia under differential feedback conditions." Dissertation, Hofstra University, 1980.

Ott, B.D., B.A., Levine, and L.M. Ascher, "Manipulating the explicit demand of paradoxical intention instructions." *Behavioural Psychotherapy*, 1983, 11, 25–35.

Porter, Jack Nusan, "The Affirmation of Life After the Holocaust: The Contributions of Bettelheim, Lifton and Frankl." *The Association for Humanistic Psychology Newsletter*, August-September 1980, 9–11.

Relinger, Helmut, Philip H. Bornstein, and Dan M. Mungas, "Treatment of Insomnia by Paradoxical Intention: A Time-Series Analysis." *Behavior Therapy*, Volume 9, 1978, 955–959.

Sargent, George A., "Combining Paradoxical Intention with Behavior Modification." *The International Forum for Logotherapy*, Volume 6, Number 1, Spring-Summer 1983, 28–30.

Schachter, Stanley J., "Bettelheim and Frankl: Contradicting Views of the Holocaust." *Reconstructionist*, XXVI, Number 20 (February 10, 1961), 6–11.

Solyom, L., J. Garza-Perez, B. L. Ledwidge, and C. Solyom, "Paradoxical Intention in the Treatment of Obsessive Thoughts: A Pilot Study." *Comprehensive Psychiatry*, Volume 13, Number 3, May 1972, 291–97.

Thompson, Yaakov, "A Question of Meaning: Rabbinical Counseling and Logotherapeutic Models." *The International Forum for Logotherapy*, Volume 10, Number 1, Spring-Summer 1987, 29–34.

Timms, M.W.H., "Treatment of chronic blushing by paradoxical intention." *Behavioral Psychotherapy* 89, 1980, 59–61.

Turner, Ralph M., and L. Michael Ascher, "Controlled Comparison of Progressive Relaxation, Stimulus Control, and Paradoxical Intention Therapies for Insomnia." *Journal of Consulting and Clinical Psychology*, Volume 47, Number 3, 1979, 500–508.

Victor, Ralph G., and Carolyn M. Krug, "Paradoxical Intention in the Treatment of Compulsive Gambling." *American Journal of Psychotherapy*, XXI, Number 4, October 1967, 808–14.

Waugh, Robert J.L., "Paradoxical Intention." *American Journal of Psychiatry*, Volume 123, Number 10, April 1967, 1305–1306.

Yoder, James D., "A Child, Paradoxical Intention, and Consciousness." *The International Forum for Logotherapy*, Volume 6, Number 1, Spring-Summer 1983, 19–21.

4. 电影、录像和录音带

Frankl, Viktor E., "Frankl and the Search for Meaning," a film produced by Psychological Films, 110 North Wheeler Street, Orange, CA 92669.

Frankl, Viktor E., "The Rehumanization of Psychotherapy. A Workshop Sponsored by the Division of Psychotherapy of the American Psychological Association," a videotape. Address inquiries to Division of Psychotherapy, American Psychological Association, 1220 Seventeenth Street, N.W., Washington, DC 20036.

Frankl, Viktor E., "Human Freedom and Meaning in Life" and "Self-Transcendence—Therapeutic Agent in Sexual Neurosis," videotapes. Copies of the tapes can be ordered for a service fee. Address inquiries to the Manager, Learning Resource Distribution Center, United States International University, San Diego, CA 92131.

Frankl, Viktor E., Two 5-hour lectures, part of the course Human Behavior 616, "Man in Search of Meaning," during the winter quarter, 1976. Copies of the videotapes can be ordered for a service fee. Address inquiries to the Manager, Learning Resource Distribution Center, United States International University, San Diego, CA 92131.

Frankl, Viktor E., "A panel of experts from the fields of medicine, anthropology, psychiatry, religion, social work, philosophy, and clinical psychology, discussing topics of interest with Dr. Frankl at the First World Congress of Logotherapy, San Diego, 1980." A 51-minute videotape. $53.00. Make check payable to the Institute of Logotherapy, P.O. Box 2852, Saratoga, CA 95070. When ordering, state kind of tape wanted (Beta, VHS, or ¾" U-matic).

Frankl, Viktor E.: "The Meaning of Suffering," a lecture given on January 31, 1983. Available for rental or purchase from Health Science Information Center, Cedars-Sinai Medical Center, 8700 Beverly Blvd., Los Angeles, CA 90048. Audiocassette, $15.00. Videocassette, $50.00.

Frankl, Viktor E., "The Will to Meaning," a public lecture recorded at Dallas Brooks Hall, Melbourne (July 21st, 1985). A Videocassette ($75.00). Address inquiries to the Viktor Frankl Committee, P.O. Box 321, Boronia, 3155, Australia.

Frankl, Viktor E., "Resources of Survival," a public lecture given at the University of South Africa in Pretoria on June 24, 1986. Videotapes (VHS and Beta) and audiotapes available from the University of South Africa, P.O. Box 392, 0001 Pretoria, Republic of South Africa.

Frankl, Viktor E., Lecture at the First Brazilian Congress of Logotherapy in Rio de Janeiro on October 18, 1986. Videotape available from the Centro de Psicologia Comunitaria, Caixa Postal 691, 13100 Campinas SP, Brasil. $60.00.

Frankl, Viktor E., A Conversation with Professor Richard Evans of the University of Houston. Videotape (VHS or Beta) available from the Institute of Logotherapy, P.O. Box 2852, Saratoga, CA 95070. $250.00.

Frankl, Viktor E., "The Rehumanization of Psychotherapy." (Address by Viktor E. Frankl in Texas when he received the John P. McGovern award.) Videotape (VHS or Beta) available from the Institute of Logotherapy, P.O. Box 2852, Saratoga, CA 95070, USA. $45.00.

Frankl, Viktor E., An Interview by Patricia L. Starck with Viktor E. Frankl and Jerry Long, Jr. Videotape (VHS or Beta) available from the Institute of Logotherapy, P.O. Box 2852, Saratoga, CA 95070. $35.00.

Frankl, Viktor E., "Resources of Survival," a lecture given at Southern Methodist University on November 12, 1987. Videocassette available at the Department of SMU, 103 Fondren Library West, Dallas, Texas 75275. $40.00.

Frankl, Viktor E., "Meaninglessness: Today's Dilemma," an audiotape produced by Creative Resources, 4800 West Waco Drive, Waco, TX 76703.

Frankl, Viktor E., "Man's Search for Meaning. An Introduction to Logotherapy." Recording for the Blind, Inc., 215 East 58th Street, New York, NY 10022.

Frankl, Viktor E., "Youth in Search of Meaning." Word Cassette Library (WCL 0205), 4800 West Waco Drive, Waco, TX 76703 ($5.95).

Frankl, Viktor E., "Theory and Therapy of Neurosis: A Series of Lectures Delivered at the United States International University in San Diego, California." Eight 90-minute cassettes produced by Creative Resources, 4800 West Waco Drive, Waco, TX 76703 ($79.95).

Frankl, Viktor E., "Man in Search of Meaning: A Series of Lectures Delivered at the United States International University in San Diego, California." Fourteen 90-minute cassettes produced by Creative Resources, 4800 West Waco Drive, Waco, TX 76703 ($139.95).

Frankl, Viktor E., "The Neurotization of Humanity and the Rehumanization of Psychotherapy," two cassettes. Argus Communications, 7440 Natchez Avenue, Niles, IL 60648 ($14.00).

Frankl, Viktor E., "Therapy Through Meaning," Psychotherapy Tape Library (T 656), Post Graduate Center, 124 East 8th Street, New York, N.Y. 10016 ($15.00).

Frankl, Viktor E., "Existential Psychotherapy," two cassettes. The Center for Cassette Studies, 8110 Webb Avenue, North Hollywood, CA 91605.

Frankl, Viktor E., "The Defiant Power of the Human Spirit: A Message of Meaning in a Chaotic World." Address at the Berkeley Community Theater, November 2, 1979. A 90-minute cassette tape, $6.00. Available at the Institute of Logotherapy, P.O. Box 2852, Saratoga, CA 95070.

Frankl, Viktor E., "The Meaning of Suffering for the Terminally Ill" (International Seminar on Terminal Care, Montreal, October 8, 1980). Audio Transcripts, Ltd. (Code 25-107-80 A and B), P.O. Box 487, Times Square Station, New York, N.Y. 10036.

Frankl, Viktor E., "The Rehumanization of Psychotherapy," lecture on the occasion of the inauguration of the Logotherapy Counseling Center of Atlanta and Athens on November 14, 1980. Audiocassette (1/404/542-4766) available from the Center for Continuing Education, the University of Georgia, Athens, GA 30602.

Frankl, Victor E., "Man in Search of Ultimate Meaning," Oskar Pfister Award Lecture at the American Psychiatric Association's annual meeting (Dallas, 1985). Audiocassette (L 19-186-85) produced by Audio Transcripts, 610 Madison Street, Alexandria, Virginia 22314 ($10.00).

Frankl, Viktor E., "Man in Search of Meaning. The Philosophical Foundations of Logotherapy," a lecture given on November 22, 1986 at the Open Philosophical University, Bilthoven, The Netherlands. Audiocassette (3017-1186) available from Tekstotaal, P.O. Box 9264, 3506 GG Utrecht, The Netherlands. Price: USD 8.00.

Frankl, Viktor E., Robin W. Goodenough, Iver Hand, Oliver A. Phillips, and Edith Weisskopf-Joelson, "Logotherapy: Theory and Practice. A Symposium Sponsored by the Division of Psychotherapy of the American Psychological Association," an audiotape. Address inquiries to Division of Psychotherapy, American Psychological Association, 1200 Seventeenth Street, N.W., Washington, D.C. 20036.

Frankl, Viktor E., and Huston Smith, "Value Dimensions in Teaching," a color-television film produced by Hollywood Animators, Inc., for the California Junior College Association. Rental or purchase through Dr. Rex Wignall, Director, Chaffey College, Alta Loma, CA 91701.

"The Humanistic Revolution: Pioneers in Perspective," interviews with leading humanistic psychologists: Abraham Maslow, Gardner Murphy, Carl Rogers, Rollo May, Paul Tillich, Frederick Perls, Viktor Frankl and Alan Watts. Psychological Films, 110 North Wheeler Street, Orange, CA 92669. Sale $250; rental $20.

Leslie, Robert C., (moderator) with Joseph Fabry and Mary Ann Finch, "A Conversation with Viktor E. Frankl on Occasion of the Inauguration of the 'Frankl Library and Memorabilia' at the Graduate Theological Union on February 12, 1977," a videotape. Copies may be obtained from Professor Robert C. Leslie, 1798 Scenic Avenue, Berkeley, CA 94709.

5. 布莱叶版本

Fabry, Joseph B., *The Pursuit of Meaning: Logotherapy Applied to Life.* Available on loan at no cost from Woodside Terrace Kiwanis Braille Project, 850 Longview Road, Hillsborough, CA 94010.

Frankl, Viktor E., *Man's Search for Meaning: An Introduction to Logotherapy.* Available on loan at no cost from Woodside Terrace Kiwanis Braille Project, 850 Longview Road, Hillsborough, CA 94010.

Frankl, Viktor E., *The Unheard Cry for Meaning: Psychotherapy and Humanism.* Available on loan at no cost from Woodside Terrace Kiwanis Braille Project, 850 Longview Road, Hillsborough, CA 94010.

主题索引

（所注页码为英文原书页码，即本书边码）

Abyss-experience，83　深渊体验
Adlerian psychology，26，34，67　阿德勒的心理学
affluence，47，65　富裕
analysis，9　分析
anthropological dimension，17，22　人类学维度
anticipatory anxiety，102－103，105　预期焦虑
anxiety neurosis，103　焦虑神经症
artist，4　艺术家

behaviorism，26　行为主义
behavior therapy，26，110，116　行为治疗
being in the world，3－4，51，162　在世存在
belief，92，148　相信

collective neurosis，95　集体神经症
computor，21　计算机
concentration camps，78－79　集中营
concept of man，16，28　人的概念
conformism，65，83　墨守成规
conscience，18－19，40－41，57，63 ff.，85，143　良心

contraindication，114　禁忌证
corrugator phenomenon，126　皱眉现象

Dasein，3　此在
Daseinsanalyse，5，9　此在分析
defense mechanism，167　防御机制
dereflection，100－101，115－116，126　去反思
dialogue，8，118 ff.，124　对话
dimensional anthropology and/or ontology，22 ff.，27，29，74，77－78，88　维度人类学和/或本体论
dimensional difference，145－146，151　维度区别
drug treatment，28，103，110，131　药物治疗
dynamics，6，112－113，115－116，124，128，138　动力（学）

education，45－46，64，85－86，136－137　教育
electroconvulsive treatment，28　电休克治疗
encounter，6 ff.，11，40，69－70　会心
endogenous depression，114，125－126　内因性抑郁症
existential analysis，5　存在分析
existential frustration，163　存在挫败
existentialism，ix，3 ff.，11，50，73，94　存在主义
existential psychiatry，viii，3，6，114，116　存在主义精神病学
existential vacuum，ix，44－45，59，64－65，76，83 ff.，96 ff.，115　存在空虚
Existenzanalyse，5　存在分析

faith，94，145，151，156 - 157　信念
father of logotherapy，159　意义治疗学之父
feeling of meaninglessness，161　无意义感
freedom，7，48 - 49，62，65，69，98　自由
freedom of will，viii，16，25，68，73　意志自由

God，16，145 - 146，148 - 149，154　上帝
grace，137，142 - 143　恩赐
guilt，7，73　罪疚
guilt feeling，114 - 115，125　罪疚感

homeostasis，25，31 ff.，43. 45，47，162　体内平衡
humor，17，108 - 109　幽默
hyperintention，33，36，100，104　过度意向
hyperreflection，33，100　过度反思

identity，127　认同
incorporations，166　合并
indication，113　适应证
inversion of intention，103，108　意向逆转

learning theory，26　学习理论
leisure，97 - 98　闲暇
lobotomy，28　额叶切除术
logos，9，17 - 18　意义
logotherapeutic movement，168　意义治疗学运动

logotherapists，163 - 164，166　意义治疗师

logotherapy，4 - 5，7，9 - 10，17，26，45，67 ff.，71 ff.，90，99，109，112 - 113，114，116 - 117，121，140，142 - 143，159，160，163，164，166，167，168　意义治疗（学）

method of choice，163　～选择法

methods，164，165　～方法

love，18 - 19，69　爱

LSD，40，46　迷幻剂

machine，16　机器

manic - depressive psychosis，138 - 139　躁郁精神病

mass media，65　大众传播媒体

meaning，9，62 ff.，119，128，156，160，161，168　意义

meaning of life，ix，16，18，51，68，73，88，90 - 91，93，121，131，144 - 145，160 - 164，167　生命意义

meaning of suffering，27 - 28，117　受苦的意义

medical ministry，5，117，125，140　医务职责

mind-body problem，25　身心问题

monanthropism，98　一人论

money，96 - 97　金钱

moralistic approach，68 - 69，97　道德说教式方法

neurosis，9 - 10，27，137，161　神经症

nihilism，21，166 - 67　虚无主义

noetic phenomena，*see* noological dimension　纯理性现象，参见精神维度

noogenic neurosis，27，55－56，68，69－70，98－99，117，125，161，163　心灵性神经症
noological dimension，17－18，22，123　精神维度
nothing-but-ness，21　只不过是什么
no-thingness，6　无物性

obsessive-compulsive neurosis，101，104－105，113　强迫神经症
ontoanalysis，9　存在分析
ontological dimension，9，22，68　本体论维度
ontological difference，146　本体论区别
ontos，9　存在

pan-determinism，16　泛决定论
paradoxical intention，68，101ff.，105ff.，116，162，165，166　矛盾意向
　experimental evidence，162　～实验证据
　experimental validation，162　～实验验证
peak experience，38 ff.，51，83　高峰体验
personal psychoanalysis，99，124，134　个人精神分析
persuasion，111　劝说
pharmacotherapy，*see* drug treatment　药物疗法，参见药物治疗
phenomenology，7，69　现象学
philosophy of life，15，84－85　人生哲学
phobic conditions，101，113　恐惧症条件
Pill，44，65　避孕药
pleasure principle，32 ff.，39，41　快乐原则

prayer，146　祈祷
promiscuity，65　滥交
psychonalysis，10 ff.，15，26，33，44，53，67－68，110，113－114，119，125，133－134　精神分析
psychosis，9－10，138　精神病
psychotic depression，*see* endogenous depression　精神病性抑郁症，参见内因性抑郁症
puritanism，12，44，46　清教主义
pursuit of happiness，33－34，41　追求幸福

reality principle，32　现实原则
reductionism，18－19，21－22，25，27，29，85 ff.，119，140　还原论
reflexology，26　反射学
relativism，52，54　相对主义
religion，63，71，122，131 ff.，135 ff.，143－144，149 ff.，161　宗教
repression，11，44，98，121，149　压抑
research，161　研究
responsibility（responsibleness），7，49，62，65，73－74，98，158　责任（感）
retarded child，139－140　弱智儿童

schizophrenia，20，115，126 ff.，138－139　精神分裂症
science，7，29　科学
self-actualization，38，41，100　自我实现

self-detachment，17，99，108－109，116　自我分离

self-transcendence，8，18，25，38－39，50，52，55，60，99，116，162　自我超越

sex，12，44－45，84　性

sexual neurosis，33，101，104　性神经症

sleeplessness，98　失眠

sociogenic neurosis，88　社会引起的神经症

somatogenic neurosis，27，89－90　体因性神经症

specialist，20－21　专家

spiritual dimension，17－18，22，140　心灵维度

sport，45　运动

statistics，90，114，136，161　统计（统计学、统计法）

sub-humanism，18　低级人道主义

subjectivism，4，50，52，54　主观主义

substitute symptom，107，111　替代症状

suffering，ix，27－28，70 ff.，77 ff.，95，117，119，121 ff.，131，137，144－145，156　苦难（受苦）

suggestion，110－111　暗示

suicide，115，134，151，167　自杀

symptom substitution，*see* substitute symptom　症状替代，参见替代症状

system，viii　体系

taboo，163　禁忌

technique，viii，6－7，28，116，163，164，165－166　技术

technique of the common denominator，119　共同点技术

test，89，115，135 - 136，161　测验

theological dimension，17，71，142　神学维度

Thou，8 - 9，11 - 12，19　你

tolerance，66　容忍

totalitarianism，64，83　极权主义

tragic triad，ix，73，119　悲剧三个主题

training analysis，*see* personal psychoanalysis　培训分析，参见个人精神分析

tranquilizer，28，42　镇静药物

transference，11　移情

transitoriness，74，119，124，156　短暂

trust，92，145 - 146，150 - 151，156　信任

truth，93 - 94　真理

ultimate being，145 - 146　终极存在

ultimate meaning，92，123，145，150，152，154 ff.　终极意义

value，56 - 57，63 - 64，70 - 71，97，119　价值（观）

Weltanschauung，15，67　世界观

will，43　意志

will to meaning，viii，16，36 ff.，41 ff.，68，73，95 - 96，135 - 136，162，163，167　意义意志

will to pleasure，viii，ix，35 - 36，96　快乐意志

will to power，viii，ix，35 - 36，96　权力意志

作者和资料来源索引

（所注页码为英文原书页码，即本书边码）

Adler，Alfred，viii，10，26，29，34，41，44，45，67，133　阿尔弗雷德·阿德勒

"All Dis-Ease Is Not Disease：A Consideration of Psycho-Analysis，Psychotherapy，and Psycho-Social Engineering"（Pleune），15*n.*，68*n.*　《并非一切不适都是疾病：对精神分析、心理治疗和心理社会工程的思考》（普卢恩）

Allers，Rudolf，50，60　鲁道夫·阿勒斯

Allport，Gordon W.，viii*n.*，5*n.*，16，32，39，52，66，108，154，155*n.*　戈登·W·奥尔波特

American Journal of Psychiatry，*The*，167　《美国精神病学杂志》

American Journal of Psychotherapy，106，111　《美国心理治疗杂志》

"Analytische und organismische Psychotherapie"（Schultz），111*n.*　《分析与个体心理治疗》（舒尔茨）

"Angst und Zwang：Zur Kenntnis pathogener Reaktionsmuster"（Frankl），104*n.*　《恐惧与强迫：对信息的致病反应模式》（弗兰克尔）

Anthropologische Forschung（Gehlen），46*n.*　《人类学研究》（格伦）

"Anthropology and the Study of Values"（Thompson），53*n.*，85*n.*　《人类学与价值观研究》（汤普森）

"Application of Logotherapy，The"（Crumbaugh），5*n.*，116*n.*

《意义治疗学的应用》（克伦博）
Ascher，L. Michael，162，165　L·迈克尔·阿舍尔
Ayer，A. J.，59*n.*　A. J. 艾耶尔

Bacon，Yehuda，79　耶胡达·培根
Baeck，Leo，143*n.*　利奥·拜克
"Basic Tendencies in Human Life"（Bühler），31*n.*，44*n.*　《人类生命中的基本倾向》（彪勒）
Bazzi，T.，110　T. 巴齐
Beard，163　比尔德
Becker，Gerda，123　格尔达·贝克
Becoming：*Basic Considerations for a Psychology of Personality*（Allport），32*n.*　《形成：人格心理学的基本思考》（奥尔波特）
Benedikt，Fritz，110　弗里茨·贝内迪克特
"Beyond Transference"（Burton），115*n.*　《超越移情》（伯顿）
Binswanger，Ludwig，5，8，9，10，27，84*n.*　路德维希·宾斯万格
Blumenthal，H. E.，149　H. E. 布卢门撒尔
"Book Review"（Freud），114*n.*　《书评》（弗洛伊德）
"Book Review"（Heuscher），53*n.*　《书评》（霍伊舍尔）
"Book Review"（Zutt），78*n.*　《书评》（楚特）
Brentano，Franz，39，40*n.*　弗朗茨·布伦塔诺
Briefe 1873－1939（Freud），87*n.*　《书信 1873—1939》（弗洛伊德）
Broyard，Anatole，164　阿纳托尔·布鲁瓦亚尔
Buber，Martin，8　马丁·布伯
Bühler，Charlotte，31，32，33，37，44，52*n.*　夏洛特·彪勒

Bulka，Reuven P.，159　鲁文·P·布尔卡
Burton，Arthur，5*n.*，115，120*n.*，125　阿瑟·伯顿

Camus，Albert，94　阿尔贝·加缪
"Case for Frankl's 'Will to Meaning'，The"（Crumbaugh and Maholick），42*n.*，62*n.*　《弗兰克尔的"意义意志"案例》（克伦博和马霍利克）
"Challenge of Logotherapy，The"（Johnson），116*n.*　《意义治疗学的挑战》（约翰逊）
Christian and the Couch，The：An Introduction to Christian Logotherapy（Tweedie），111*n.*，159　《基督教与长椅：基督教意义治疗学导论》（特威迪）
"Clinical Applications of Existential Psychotherapy"（Ledermann），110*n.*　《存在心理治疗的临床应用》（莱德曼）
College Influence on Student Character，The（Eddy），86*n.*　《大学对学生性格的影响》（埃迪）
Columbus，11　哥伦布
"A Comparison of Two Methods for the Administration of Paradoxical Intention"（Ascher and Turner），162*n.*　《矛盾意向两种实施方法的比较》（阿舍尔和特纳）
"Concept of Man in Lototherapy，The"（Frankl），67*n.*　《意义治疗学中人的概念》（弗兰克尔）
"Controlled Comparison of Progressive Relaxation Stimulus Control and Paradoxical Intention Therapies for Insomnia"（Turner and Ascher），162*n.*　《渐进式放松刺激控制和矛盾意向治疗对失眠症的对照比较》（特纳和阿舍尔）

"Cross-Validation of Purpose-in-Life Test Based on Frankl's Concepts" (Crumbaugh), 90*n*. 《对基于弗兰克尔的概念的〈生命目的测验〉的交叉验证》（克伦博）

Crumbaugh, James, C., 5*n*., 6*n*., 42, 62, 89, 116, 135, 161. 詹姆斯·C·克伦博

"Current Dilemma in Psychotherapy, The" (Dreikurs), 11*n*. 《心理治疗中的当前困境》（德雷克斯）

Dansart, Bernard, 161 伯纳德·丹萨特

"Death as a Countertransference" (Burton), 125*n*. 《作为反移情的死亡》（伯顿）

"Death of Ivan Ilyich, The" (Tolstoy), 76 《伊凡·伊里奇之死》（托尔斯泰）

"Deistic Fallacies" (Ayer), 59*n*. 《自然神论的谬误》（艾耶尔）

Der unbewusste Gott (Frankl), 150*n*. 《潜意识的上帝》（弗兰克尔）

"Die Behandlung schwerer Schlafstörungen mit der paradoxen Intention" (Vorbusch), 110*n*. 《严重失眠与矛盾意向治疗》（沃尔布施）

Doctor and the Soul, The: From Psychotherapy to Logotherapy (Frankl), ix*n*., 101*n*., 103*n*., 111*n*., 114*n*., 119*n*., 144*n*., 159 《医生与心灵：从心理治疗到意义治疗》（弗兰克尔）

Dreikurs, Rudolf, 11 鲁道夫·德雷克斯

Dubois, Paul, 141 保罗·迪布瓦

Du Bois-Reymond, Emil, 65 埃米尔·杜布瓦雷蒙

Ebner，Ferdinand，8　费迪南德·埃布纳

Eddy，Edward D.，86　爱德华·D·埃迪

“Ein häufiges Phänomen bei Schizophrenie”（Frankl），126*n*.　《精神分裂症的常见现象》（弗兰克尔）

Einstein，Albert，50，145，150　阿尔伯特·爱因斯坦

“Ergebnisse der klinischen Anwendung der Logotherapie”（Kocourek，*et al*.），90*n*.，106*n*.　《意义治疗的临床应用效果》（科曹雷克等）

Erinnerungen an Sigmund Freud（Binswanger），84*n*.　《回忆西格蒙德·弗洛伊德》（宾斯万格）

Esquire，85　《时尚先生》

Eupsychian Management：*A Journal*（Maslow），38*n*.，51*n*.　《健康心态管理杂志》（马斯洛）

“Existential Mental Health：An Empirical Approach”（Kotchen），48*n*.　《存在主义心理健康的实证方法》（科琴）

“Existential Psychotherapy：Fact，Hope，Fiction”（lyons），5*n*.，116*n*.　《存在主义心理治疗：事实、希望、虚构》（莱昂斯）

“Existentialism，Psychology，and Psychotherapy”（Pervin），5*n*.　《存在主义、心理学和心理治疗》（佩尔温）

“Experience with the Logotherapeutic Technique of Paradoxical Intention in the Treatment of Phobic and Obsessive-Compulsive Patients”（Gerz），111*n*.，113*n*.　《使用矛盾意向意义治疗技术治疗恐惧症患者方面的经验》（格尔茨）

“Experimental Study in Existentialism，An：The Psychometric Approach to Frankl's Concept of Noogenic neurosis”（Crumbaugh and Maholick），89*n*.，135*n*.　《存在主义中的实验研究：

关于弗兰克尔的心灵性神经症的心理测量法》（克伦博和马霍利克）

Fabry，Joseph B.，9，72　约瑟夫·B·法布里

“Fragments from the Logotherapeutic Treatment of Four Cases”（Frankl），115*n.*，120*n.*，126*n.*，129*n.*　《四则案例的意义治疗片段》（弗兰克尔）

Frankl，Viktor E.，viii*n.*，4，5*n.*，9*n.*，38*n.*，41*n.*，42，44，45，51*n.*，58*n.*，67*n.*，70，72*n.*，77，89，90*n.*，92－95，99*n.*，101*n.*，103*n.*，104*n.*，106*n.*，111*n.*，112，113，114*n.*，115*n.*，119，120－23，126－30，136*n.*，144*n.*，150*n.*，165*n.*，167*n.*　维克多·E·弗兰克尔

“Frankl's Existential Analysis”（Polak），7*n.*　《弗兰克尔的存在分析》（波拉克）

Freedman，Daniel X.，67　丹尼尔·弗里德曼

Freeman，Walter，134　瓦尔特·弗里曼

Freud，Sigmund，viii，10－12，26，29，31－32，34，41，44，45，47，50，52，54，67，83，84，87，110，111，114，115，133，163－64，166　西格蒙德·弗洛伊德

“Fusions of Facts and Values”（Maslow），39*n.*　《事实与价值观的融合》（马斯洛）

Gebsattel，V. E. von，90*n.*，106*n.*　V·E·冯·格布萨特尔

Gehlen，Arnold，25，45　阿诺尔德·格伦

German Encyclopedia of Psychotherapy，106　《德国心理治疗百科全书》

Gerz，H. O.，106*n.*，110，111，113，114　H. O. 格尔茨
Gesammelte Werke（Freud），47*n.*　《全集》（弗洛伊德）
Giorgi，Bruno，161　布鲁诺·乔治
Glenn，John H.，47　约翰·H·格伦
Goethe，Johann Wolfgang von，53　约翰·沃尔夫冈·冯·歌德
Goldstein，K.，32　K. 戈尔德斯坦
Golem The，158　《魔像》
Golloway，Glenn G.，112　格伦·G·戈洛韦
Grollman，Rabbi Earl A.，70，71　厄尔·A·格罗尔曼拉比
Gutheil，Emil A.，111　埃米尔·A·古泰尔

Haeckel，Earnest，166　欧内斯特·海克尔
Hartmann，Nicolai，22　尼古拉·哈特曼
Hatterer，Lawrence John，53　劳伦斯·约翰·哈特瑞
Havens，Leston L.，112　莱斯顿·L·黑文斯
Haworth，D. Swan，71*n.*　D·斯旺·霍沃思
Heidegger，Martin，3－4，10，146，151－52　马丁·海德格尔
Henle，M.，63*n.*　M. 亨利
Heuscher，Julius，53　尤利乌斯·霍伊舍尔
Hillel，55　希勒尔
Hitler，Adolf，66，67　阿道夫·希特勒
Hölderlin，Johann，128　约翰·荷尔德林
"Home by Ship：Reaction Patterns of American Prisoners of War Repatriated from North Korea"（Lifton），47*n.*　《坐船回家：由朝鲜遣返的美国战俘的反应模式》（利夫顿）
Homo patiens：Versuch einer Pathodizee（Frankl），72　《同性恋

患者》（弗兰克尔）

"Human Course of Life in its Goal Aspects, The"（Bühler），32*n.* 《就其目标方面而言的人的生命历程》（彪勒）

Hutzell，R. R.，161　R. R. 胡策尔

Individual and His Religion，*The*（Allport），154，155*n.* 《个人及其宗教》（奥尔波特）

International Journal of Individual Psychology，166 《国际个体心理学杂志》

International Journal of Psycho-Analysis，68 《国际精神分析杂志》

Interpersonal Aspects of Nursing（Travelbee），117*n.*，118*n.*，124*n.* 《护理的人际方面》（特拉韦比）

"Is Logotherapy Authoritarian?" 159*n.* 《意义治疗学是极权主义吗?》

Jaspers，Karl，3，38，107　卡尔·雅斯贝尔斯

Jesus and Logotherapy：*The Ministry of Jesus as Interpreted Through the Psychotherapy of Viktor Frankl*（Leslie），5*n.*，159 《耶稣与意义治疗学：通过维克多·弗兰克尔的心理治疗解释耶稣的神职》（莱斯利）

"Jewish Challenge to Freud"（Blumenthal），149*n.* 《犹太教对弗洛伊德的挑战》（布卢门撒尔）

Joan of Arc，29　圣女贞德

Johnson，Paul E.，116　保罗·E·约翰逊

Jung，Carl，133　卡尔·荣格

"K problemu existencialni frustrace" (Kratochvil), 84*n*. 《存在挫败问题》(克劳托奇维尔)
"K psychoterapii existencialni frustrace" (Kratochvi), 84*n*. 《存在挫败的心理治疗》(克劳托奇维尔)
Kaczanowski, Godfryd, 5*n*., 6*n*. 戈德弗里·康查诺夫斯基
Kant, Immanuel, 25*n*., 122, 150 伊曼努尔·康德
Kierkegaard, Soren, 138 索伦·克尔凯郭尔
"Klinische Erfahrungen mit der logotherapeutischen Technik der paradoxen Intention beziehungsweise deren Kombination mit anderen Behandlungsmethoden" (Kvilhaug), 110*n*. 《矛盾意向意义治疗技术及其与其治疗方法相结合的临床经验》(奎尔豪格)
Kocourek, K., 90*n*., 106*n*. K. 科曹雷克
Kotchen, Theodore A., 48 西奥多·A·科琴
Kratochvil, S., 84*n*. S. 克劳托奇维尔
Krug, Carolyn M., 106 卡罗琳·M·克鲁格
Kvilhaug, Bjarne, 26, 110 比亚内·奎尔豪格

Langen, D., 90 D. 兰根
Lebzeltern, G., 111 G. 勒布泽尔腾
Ledermann, F. K., 110 F. K. 莱德曼
Leet, Becky, 44 贝姬·利特
Lehembre, J., 107 J. 勒昂布尔
Leslie, Robert C., 5*n*., 6*n*. 罗伯特·C·莱斯利
"Lessons from the Peak-Experiences" (Maslow), 39*n*., 51*n*. 《来自高峰体验的经验》(马斯洛)
Lifton, Robert J., 47 罗伯特·利夫顿

"Linguistic Philosophy and Beliefs"（Nielsen），59*n*. 《语言哲学与信仰》（尼尔森）

"L'intention paradoxale，procédé de psychothérapie"（Lehembre），107*n*. 《矛盾意向的心理治疗过程》（勒昂布尔）

Loew，Rabbi，of Prague，12 布拉格的洛伊乌拉比

Logotherapy and the Christian Faith：An Evaluation of Frankl's Existential Approach to Psychotherapy（Tweedie），5*n*.，111*n*.，159 《意义治疗学与基督教信仰：对弗兰克尔的存在主义心理治疗方法的评价》（特威迪）

"Logotherapy and Eduction in a Postal Petroleum Society"（Wirth），167*n*. 《后石油社会中的意义治疗学与教育》（沃思）

"Logotherapy and Existential Analysis"（Weisskopf-Joelson），112*n*.，115*n*. 《意义治疗与存在分析》（魏斯科普夫-乔尔森）

"Logotherapy and Existential Analysis：A Review"（Frankl），67*n*.，99*n*.，101*n*. 《意义治疗与存在分析：评论》（弗兰克尔）

Lorenz，Konrad，108 康拉德·劳伦兹

Lowe，Ruth Norden，134*n*. 露丝·诺登·洛

Lukas，Elisabeth S.，159，161 伊丽莎白·S·卢卡斯

"Luncheon Address to the Third Annual Meeting of the Academy of Religion and Mental Health"（Frankl），58*n*. 《宗教与心理健康研究院第三届年会午宴演讲》（弗兰克尔）

Lyons，Joseph，5*n*.，6*n*.，116*n*. 约瑟夫·莱昂斯

Maharal of Prague，158 布拉格的马哈拉尔

Maholick，Leonard T.，42，62，89，135*n*. 伦纳德·T·马霍利克

Man's Search for Meaning : An Introduction to Logotherapy (Frankl), vii*n.*, viii*n.*, 5*n.*, 69, 79, 101*n.*, 119*n.*, 144*n.*, 159 《人类对意义的追寻：意义治疗学导论》(弗兰克尔)

Mary Raphael, Sister, 135 玛丽・拉斐尔修女

Maslow, Abraham, H., 32, 38 - 39, 40, 51*n.*, 54, 83 亚伯拉罕・马斯洛

May, Rollo, 43 罗洛・梅

"Meaning of Heidegger, The" (Allers), 50*n.* 《海德格尔的意义》(阿勒斯)

Meerloo, Joost A. M., 153*n.* 约斯特・A・M・米尔卢

"Mehrdimensionale Psychotherapie" (Volhard and Langen), 90*n.* 《多维的心理治疗》(福尔哈德和兰根)

"Mental Health and Spiritual Wholeness" (Millar), 140*n.* 《心理健康与心灵完整性》(米勒)

"Mental Retardation: The Cry of Why?" (Rote), 140*n.* 《弱智：究竟是为什么?》(罗特)

"Methodological Approaches in Psychotherapy" (Müller-Hegemann), 113*n.* 《心理治疗中的方法论取向》(缪勒-黑格曼)

Millar, W. M., 140 W. M. 米拉尔

Modern psychotherapeutic Practice : Innovations in Technique (Burton, ed.), 5*n.*, 115, 120 《现代心理治疗实践：技术创新》(伯顿)

"Monks in Analysis" (Serron), 133*n.* 《分析中的僧侣》(塞隆)

Mosley, Nicholas, 163 尼古拉斯・莫斯利

Motivation and Personality (Maslow), 32*n.*, 40*n.*, 54*n.* 《动机与人格》(马斯洛)

Müller-Hegemann，D.，113　D. 缪勒-黑格曼

Nardini，J. E.，47　J. E. 纳尔迪尼
Niebauer-Kozdera，E.，90，106*n.*，161*n.*　E. 尼鲍尔-科兹德拉
Nielsen，Kai，59*n.*　卡伊・尼尔森
Nietzsche，Friedrich Wilhelm，viii　弗里德里希・威廉・尼采

On Aggression（Lorenz），108*n.*　《论攻击》（劳伦兹）
On the Eternal in Man（Scheler），74*n.*　《论人之永恒》（舍勒）
"Ontoanalysis：A New Trend in Psychiatry"（Allers），50*n.*，60*n.*　《存在分析：精神病学的新趋势》（阿勒斯）
"Organneurose und Konstitution bei chronish-funktionellen Unterleibsbeschwerden der frau"（Prill），90*n.*　《长期腹部不适的女人的器官神经症和体质》（普里尔）
Ortega y Gasset，José，159　约瑟・奥特加・伊・加塞特

"Paradoxical Intention"（Havens），112*n.*　《矛盾意向》（黑文斯）
"Paradoxical Intention：A Logotherapeutic Technique"（Frankl），102*n.*　《矛盾意向：一种意义治疗技术》（弗兰克尔）
"Paradoxical Intention in the Treatment of Compulsive Gambling"（Victor and Krug），106*n.*　《矛盾意向对强迫性赌博的治疗》（维克托和克鲁格）
"Paradoxical Intention in the Treatment of Obsessive Thoughts：A Pilot Study"（Solyom），161*n.*　《矛盾意向对强迫思维的治疗：一项实验研究》（绍约姆）
Pascal，Blaise，95　布莱士・帕斯卡

Pavlov，Ivan Petrovich，26　伊凡·彼德罗维奇·巴甫洛夫
"Pavlovian Strategy as a Weapon of Menticide"（Meerloo），153*n.* 《巴甫洛夫策略：心理伤害的武器》（米尔卢）
Personality and Social Encounter（Allport），16*n.*，39*n.*，52*n.* 《人格与社会交往》（奥尔波特）
Pervin，Lawrence A.，5*n.*　劳伦斯·佩尔温
Petrilowitsch，N.，116　N. 彼得里洛维奇
Phenomenological Movement，*The*（Spiegelberg），39*n.*　《现象学运动》（施皮格伯格）
Pleune，F. Gordon，15，68*n.*　F·戈登·普卢恩
Polak，Paul，7，90*n.*，106*n.*　保罗·波拉克
Portmann，Adolf，25　阿道夫·波特曼
"Present Crisis in Psychotherapy，The"（Weisskopf-Joelson），105*n.*　《心理治疗中当前危机》（魏斯科普夫-乔尔森）
Prill，H. J.，90　H. J. 普里尔
"Proceedings of the Association for the Advancement of Psychotherapy"（Gutheil），111*n.*　《心理治疗促进会会报》（古泰尔）
Proells，E. Frederick，142　E. 弗雷德里克·普勒尔斯
"Psychiatrists Who Kill Themselves：A Study in Suicide"（Freeman），134*n.*　《自杀的精神病医生：自杀研究》（弗里曼）
"Psychiatry，'Brainwashing'，and the American Character"（West），47*n.*　《精神病学、"洗脑"和美国人的性格》（韦斯特）
"Psychische Symptome und neurotische Reaktionen bei Hyperthyreose"（Frankl），103*n.*　《甲状腺功能亢进症的精神症状与神经症反应》（弗兰克尔）
"Psychological Models for Guidance"（Allport），66*n.*　《寻求指导

的心理模型》（奥尔波特）

Psychologie vom empirischen Standpunkt（Brentano），40*n*. 《从经验的观点看心理学》（布伦塔诺）

"Psychotherapy，Art and Religion"（Frankl），4 《心理治疗、艺术与宗教》（弗兰克尔）

Psychotherapy and Existentialism：*Selected Papers on Logotherapy*（Frankl），ix*n*.，4，38*n*.，51*n*.，102*n*.，113*n*.，136*n*.，144，159，165*n*. 《心理治疗与存在主义：意义治疗学研究论文集》（弗兰克尔）

"Purpose-in Life Test as a Measure of Frankl's Noogenic Neurosis，The"（Crumbaugh），89*n*. 《测量弗兰克尔的心灵性神经症的〈生命目的测验〉》（克伦博）

Pursuit of Meaning，*The*：*Logotherapy Applied to Life*（Fabry），9*n*.，159 《对意义的追求：应用于生活的意义治疗学》（法布里）

Qualtinger，Viennese comedian，97 维也纳喜剧演员夸尔廷格

Redlich，F.C.，67 F.C. 雷德利克

"Reflections of the Social，Moral，Cultral，and Spiritual Aspects of the Prison Chaplain's Ministry"（Proells），142*n*. 《对监狱常驻牧师职责的社会、道德、文化及精神等方面的反思》（普勒尔斯）

"Religious Maturity and Viktor E. Frankl"（Strunk），71*n*. 《宗教成熟与维克多·E·弗兰克尔》（斯特伦克）

Reminiscences of a Friendship（Binswanger），10*n*. 《回忆友谊》

（宾斯万格）
"Repentance and Rebirth"（Scheler），74 《悔改与重生》（舍勒）
Robbins，Howard Chandler，143 霍华德·钱德勒·罗宾斯
Rote，Carl J.，139，140*n*. 卡尔·J·罗特

San Quentin News，73，76，77 《圣昆廷新闻》
Sartre，Jean-Paul，60，94 让-保罗·萨特
Schaetzing，E.，132 E. 施茨廷
Scheler，Max，10，22，25，57，73－74，119 马克斯·舍勒
Scher，Jordan M.，9 乔丹·M·谢尔
Schilder，Paul，15 保罗·希尔德
Schulte，126 舒尔特
Schultz，J. H.，90*n*.，106*n*.，111 J. H. 舒尔茨
Search for Meaning，The：A New Approach to Psychotherapy and Pastoral Psychology（Ungersma），5*n*.，41*n*.，160 《寻找意义：心理治疗与宗教心理学的新方法》（翁格斯马）
Serron，Robert，133*n*. 罗伯特·塞隆
"Severe Depressive and Anxiety States"（Gerz），110*n*. 《严重抑郁与焦虑状态》（格尔茨）
Simkin，James S.，52*n*. 詹姆斯·S·西姆金
Smith，Huston C.，16，86－87 休斯顿·C·史密斯
Socrates，147 苏格拉底
Solomon，41 所罗门
Solyom，L.，161 L. 绍约姆
"Some Comments on a Viennese School of Psychiatry"（Weisskopf-Joelson），112*n*.，115*n*. 《关于精神病学的维也纳学派的评论》

（魏斯科普夫-乔尔森）
"Some Observations on the Psychology of the Third Force" (Bühler), 32*n.* 《对心理学第三势力的观察》（彪勒）
"Some Problems in the Theory of Ethics" (Wertheimer), 63*n.* 《伦理学理论中的问题》（韦特海默）
Spiegelberg, Herbert, 39 赫伯特·施皮格伯格
Strunk, Orlo, 71*n.* 奥兰多·斯特伦克
"Suicide Among Doctors" (*British Medical Journal*), 134*n.* 《医生中的自杀》（《英国医学杂志》）
"Suicide by Psychiatrists" (Lowe), 134*n.* 《精神病医生的自杀》（洛）
"Survival Factors in American Prisoners of War" (Nardini), 47*n.* 《美国战俘的生存因素》（纳尔迪尼）

"Theoretical Observations about Life's Basic Tendencies" (Bühler), 32*n.*, 37*n.* 《对生命基本倾向的理论观察》（彪勒）
Theory and Practice of Psychiatry, The (Redlich and Freedman), 67*n.* 《精神病学的理论与实践》（雷德利克和弗里德曼）
Thomas Aquinas, 22 托马斯·阿奎那
Thompson, William Irwin, 53, 85 威廉·欧文·汤普森
Tillich, Paul, 26*n.* 保罗·蒂利希
Time magazine, 153–54 《时代》杂志
Tolstoy, Leo, 76 列夫·托尔斯泰
Torello, Juan Battista, vii*n.*, 159 胡安·巴蒂斯塔·托雷洛
Trautmann, Richard, 72, 78 理查德·特劳特曼
Travelbee, Joyce, 117–18, 124 乔伊丝·特拉韦比

"Treatment of the Phobic and the Obsessive-Compulsive Patient Using Paradoxical Intention Sec. Viktor E. Frankl" (Gerz), 106*n.*, 111*n.*, 113*n.*, 114*n.* 《根据维克多·E·弗兰克尔运用矛盾意向治疗恐惧症和强迫症患者》(格尔茨)

Turner, Ralph M., 162 拉尔夫·特纳

Tweedie, Donald F., 5*n.*, 6*n.*, 111 唐纳德·F·特威迪

"Über Forel: Der Hypnotismus, seine Bedeutung und seine Handhabung" (Freud), 10*n.* 《关于弗雷尔：催眠术及其含义与处理》(弗洛伊德)

"Über somatogene Pseudoneurosen" (Frankl), 103*n.* 《关于体因性假性神经症》(弗兰克尔)

Ungersma, Aaron J., 5*n.*, 6*n.*, 41 亚伦·J·翁格斯马

Unheard Cry for Meaing: Psychotherapy and Humanism (Frankl), 167*n.* 《对意义的无声呼唤：心理治疗与人文主义》(弗兰克尔)

"Value Dimensions in Teaching" (Smith), 86 《教学中的价值维度》(史密斯)

Values in Psychotherapy (Bühler), 52*n.* 《心理治疗中的价值》(彪勒)

Victor, Ralph G., 106 拉尔夫·G·维克托

"Viktor E. Frankl: A Bridge Between Psychiatry and Religion" (Grollman), 71*n.* 《维克多·E·弗兰克尔：精神病学与宗教之间的桥梁》(格罗尔曼)

Viktor E. Frankl, l'homme, (Torello), 159*n.* 《男人维克多·E·

弗兰克尔》（托雷洛）

“Viktor Frankl”（Haworth），71*n*. 《维克多·弗兰克尔》（霍沃思）

Volhard，R.，90 R. 福尔哈德

Von Bertalanffy，Ludwig，32 路德维希·冯·贝塔朗菲

Von Eckartsberg，Rolf H.，75，77 罗尔夫·H·冯·埃卡茨伯格

Vorbusch，H. J.，110 H. J. 沃尔布施

Watson，John B.，26 约翰·B·华生

Weisskopf-Joelson，Edith，100，105，112，115*n*. 伊迪丝·魏斯科普夫-乔尔森

Werfel，Franz，95 弗朗茨·韦尔弗

Werner，T. A.，90 T. A. 沃纳

Wertheimer，M.，62，63*n*. M. 韦特海默

West，Louis Jolyon，47 路易斯·乔里恩·韦斯特

“Will，Decision and Responsibility”（May），43*n*. 《意志、决定与责任》（梅）

Wirth，Arthur G.，167 阿瑟·G·沃思

Wisser，R.，31*n*.，44*n*. R. 维塞尔

Wittgenstein，Ludwig，146 路德维希·维特根斯坦

“Work Identity：A New Psychotherapeutic Dimension”（Hatterer），53*n*. 《工作认同：一个新的心理治疗维度》（哈特瑞）

“Zur Behandlung der Angst”（Frankl），103*n*. 《焦虑治疗》（弗兰克尔）

“Zur medikamentösen Unterstützung der Psychotherapie bei Neurosen”(Frankl)，101*n*. 《心理治疗对神经症的医疗支持》（弗兰克尔）

“Zur Therapie angst-und zwangsneuroitischer Symptom emit Hilfe，der ‘Paradoxen Intention’ and ‘Dereflexion’ nach V. E. Frankl”(Benedikt)，110*n*. 《V. E. 弗兰克尔的“矛盾意向”与“去反思”用于治疗焦虑与强迫神经症症状》（贝内迪克特）

Zutt，Jürg，78 于尔格·楚特

追求意义的意志
The Will to Meaning
中国人民大学出版社，2015

弗兰克尔自传
Was nicht in meinen Büchern steht
中国青年出版社，2016

心灵的疗愈
Ärztliche Seelsorge
电子工业出版社，2014

活出生命的意义
Man's Search for Meaning
华夏出版社，2014

The Will to Meaning: Foundations and Applications of Logotherapy, expanded edition by Viktor E. Frankl

This edition published by arrangement with plume, a member of Penguin Group (USA) LLC. A Penguin Random House Company.

图书在版编目（CIP）数据

追求意义的意志/（奥）弗兰克尔著；司群英，郭本禹译 .—北京：中国人民大学出版社，2014.12

（西方心理学大师经典译丛/郭本禹主编）

书名原文：The Will to Meaning：Foundations and Applications of Logotherapy

ISBN 978-7-300-20339-3

Ⅰ.①追… Ⅱ.①弗…②司…③郭… Ⅲ.①意志-研究 Ⅳ.①B848.4

中国版本图书馆 CIP 数据核字（2014）第 282492 号

西方心理学大师经典译丛

主编 郭本禹

追求意义的意志

［奥］维克多·弗兰克尔 著

司群英 郭本禹 译

Zhuiqiu Yiyi de Yizhi

出版发行 中国人民大学出版社			
社 址	北京中关村大街 31 号	**邮政编码**	100080
电 话	010－62511242（总编室）		010－62511770（质管部）
	010－82501766（邮购部）		010－62514148（门市部）
	010－62515195（发行公司）		010－62515275（盗版举报）
网 址	http://www.crup.com.cn		
经 销	新华书店		
印 刷	运河（唐山）印务有限公司		
开 本	720 mm×1000 mm 1/16	**版 次**	2015 年 1 月第 1 版
印 张	16 插页 3	**印 次**	2023 年 12 月第 5 次印刷
字 数	182 000	**定 价**	48.00 元
